教你智慧养殖丛书

肉鸡疾病防控要点解析

李文锋　许传田　主编

山东科学技术出版社
·济南·

图书在版编目（CIP）数据

肉鸡疾病防控要点解析 / 李文锋，许传田主编. 济南 : 山东科学技术出版社，2024. 8. -- ISBN 978 7 -5723-2106-1

Ⅰ. S858.31

中国国家版本馆 CIP 数据核字第 20245Q59A9 号

肉鸡疾病防控要点解析

ROUJI JIBING FANGKONG YAODIAN JIEXI

责任编辑：于　军

装帧设计：孙非羽

主管单位：山东出版传媒股份有限公司

出 版 者：山东科学技术出版社

地址：济南市市中区舜耕路 517 号

邮编：250003　电话：（0531）82098088

网址：www.lkj.com.cn

电子邮件：sdkj@sdcbcm.com

发 行 者：山东科学技术出版社

地址：济南市市中区舜耕路 517 号

邮编：250003　电话：（0531）82098067

印 刷 者：山东彩峰印刷股份有限公司

地址：山东省潍坊市潍城区玉清西街 7887 号

邮编：261031　电话：（0536）8311811

规格： 16 开（170 mm × 240 mm）

印张： 4.25　　**字数：** 65 千

版次： 2024 年 8 月第 1 版　**印次：** 2024 年 8 月第 1 次印刷

定价： 45.00 元

《肉鸡疾病防控要点解析》编委会

主　编　李文锋　许传田

副主编　李　振　邵宝柱

编　者　鲁　梅　崔　宁　黄庆华　亓丽红

杨　帆　聂凌云　唐　帆　孙守礼

刘　畅　吉瑞慧　谭刘刚　于克兴

李文锋，高级兽医师，国家肉鸡产业技术体系潍坊试验站技术骨干。从事家禽饲养管理、疾病防控工作30余年，具有丰富的临床实践经验。

经过反复临床验证，弄清了鸡舍通风原理，掌握了鸡舍通风技术的核心，总结出一套科学实用的肉鸡饲养管理模式。采用该饲养管理模式，出栏肉鸡平均体重达到2.75千克/只，平均料肉比达到1.45。编者和国家肉鸡产业体系潍坊试验站团队成员一起，定期通过线上直播和线下指导结合方式推广肉鸡饲养管理技术，粉丝10万人左右。

许传田，研究员，博士，2008年毕业于中国农业科学院哈尔滨兽医研究所。从事家禽疾病诊断与综合防治技术研究工作，熟悉国内外兽医专业发展的动态和趋势，积累了丰富的肉鸡饲养管理和疾病诊疗经验。

主持山东省自然基金项目“H9N2亚型禽流感对小鼠致病性研究（2009BSC02026）”和“禽流感病毒跨种感染相关病毒蛋白修饰谱分析（ZR2021MC096）”。参与农业农村部行业专项，“水禽主要疾病快速诊断与疫苗研制（201003012）”和“鸡新城疫防控技术研究与示范（201303033）”。“十三五”“十四五”期间担任国家肉鸡产业技术体系潍坊综合试验站站长；承担“十三五”期间国家重点研发项目“动物流感病毒遗传变异与致病机理研究”的子课题“动物流感病毒生态学及遗传进化研究（2016YFD0500201）”。

发表文章70余篇，其中SCI论文20篇，获得山东省科技进步二等奖1项，国家发明专利7项，主编著作5部。

前 言

QIAN YAN

在畜禽产业中，肉鸡产业的养殖规模最大（2022年全国出栏肉鸡98.2亿只）、自动化程度最高。近年来，肉鸡饲养管理模式也在不断升级，从地面平养、网上平养，逐渐发展到立体笼养。目前，肉鸡笼养占比已经超过85%，成为主流养殖模式。与地面平养和网上平养相比，立体笼养占地面积下降，每只鸡的人工成本、动保费用、料肉比降低，肉料比、成活率等饲养管理指标提高，养殖效益增加。

随着肉鸡养殖规模不断扩大，鸡舍养殖设备不断更新换代，整体肉鸡养殖水平上了一个新台阶，但立体笼养的优势还没有完全发挥。究其原因，是疾病没有控制好，规模化鸡舍的细节管理不到位。

肉鸡生长快，雏鸡刚出壳时40克，40天就能达到3 000克，体重增加了75倍。肉鸡生长时间短，饲养密度大，抗病力差，疾病防控仍然是肉鸡养殖产业最重要的问题。

在肉鸡立体笼养模式中，许多疾病的发生都与饲养管理有着密切联系。调查发现，80%以上的肉鸡场养殖失败是鸡舍通风和保温的矛盾没有解决好而导致肉鸡疾病发生。单纯依靠疫苗防疫已经不能有效防控，必须采取正确的鸡舍通风模式，加强饲养管理。

我们把肉鸡疾病防控要点进行分析和整理，形成本书，推荐给更多的鸡场，避免犯同样的管理细节错误。肉鸡营养、病原诊断、生物安全措施等内容，大部分技术员已能熟练掌握，书中不再赘述。目前，鸡场同行之间的竞争是饲养管理是否达标，或者说是饲养者管理水平的竞争。

本书以“碎片化”形式，把肉鸡饲养管理技术透彻地展现给大家，包括鸡场日常巡视工作、肉鸡饲养管理要点和肉鸡疾病防控要点3个专题。在肉鸡养殖过程中，通风问题是技术员绕不过去的一道门槛，大多数鸡场都忽略了，导致饲养管理指标下降，甚至肉鸡养殖失败。肉鸡饲养管理是一项细节决定成败的工作，从鸡场的终末消毒开始，一直到肉鸡出栏，全过程都要做到细致认真，才有可能获得养殖成功。为了让读者更好地理解和把握肉鸡饲养管理技术细节，书中加入了许多短视频和现场照片，也可以关注我们的抖音和快手号（huiyangji），及时获得更多信息。

由于我们水平有限，书中不足之处在所难免，其实真正的肉鸡养殖高手在民间，在一线养殖场，敬请大家提出宝贵建议。

本书在国家肉鸡产业技术体系项目资助下完成，得到肉鸡产业体系专家团队的支持，在此一并感谢！

编　者

目　录

MU LU

一、鸡场日常巡视工作

通过观察肉鸡的肢体行为，可以知道肉鸡的健康状态和鸡舍环境的优劣，鸡场日常巡视工作是养殖户的必修课程之一。养殖者日常巡视主要包括观察肉鸡的肢体行为和粪便，检测环境控制设备的运行状况。通过鸡场日常巡视可以提早发现问题，及时改正饲养管理错误，真正做到防患于未然。

这也是鸡群健康管理的基础。根据鸡群的饮水量、采食量和死亡率等指标，可以正确判断鸡群的健康、亚健康或者发病状态。

（一）观察肉鸡肢体行为和状态

鸡舒适时会很随意地趴在笼子里面，一条腿前伸或者后伸。鸡不健康时，打蔫，眼睛发红，张口喘气，站立不稳或趴卧，长势缓慢，羽毛杂乱、无光泽等（视频 1）。

养殖者观察肉鸡的睡觉姿势和各层笼鸡的采食速度（视频 2、视频 3），听鸡的呼吸音、叫声，并做好记录。

健康鸡眼睛圆润，冠红亮，换毛快，毛发亮（图 1~ 图 4）。

图 1　眼睛圆润

图 2　冠红亮

图 3　换毛快

图 4　毛发亮

不健康的鸡表现诸多临床症状。例如，由于风冷效应，导致鸡感冒、眼睛变形（图 5、视频 4）。鸡舍通风量过大，鸡群分布不均、聚堆（图 6）；鸡舍通风量过小，会出现死角，鸡群张口率变高，采食量降低，甚至造成闷鸡（图 7）。鸡处于高温高湿环境时不愿意走动，伴随张口、翅膀下垂等临床症状（图 8）。

图 5　眼睛变形

图 6　鸡群聚堆

图 7　鸡群采食量降低

图 8　鸡群张口、翅膀下垂

夏季鸡舍温度过高，会出现热死鸡现象。热死鸡的皮下肌肉发红，似水煮样。鸡毛像用开水烫过，很容易拔掉（图 9、视频 5）。

鸡吐水时，在料槽内有片状湿料或者出现被水打湿的地方（图 10、图 11）。

啄癖偶尔会出现，也是一种不健康鸡群的临床症状，易导致鸡眼睛周围被啄伤（图 12）。

图 9　热死鸡皮下肌肉发红

图 10　料槽中有部分片状湿料

图 11　料槽内有被水打湿的地方

图 12　鸡眼睛周围被啄伤

（二）检测鸡舍环境

巡视者要注意鸡舍内通风的落点，粪沟情况，湿帘密封性，鸡舍空气的二氧化碳、氨气、粉尘浓度，鸡舍前后两端温差，温度表和压力表数值，以及粪便形状和颜色等（图 13~ 图 20）。

图 13　加强鸡舍密封性

图 14　鸡舍外通风管道漏风口

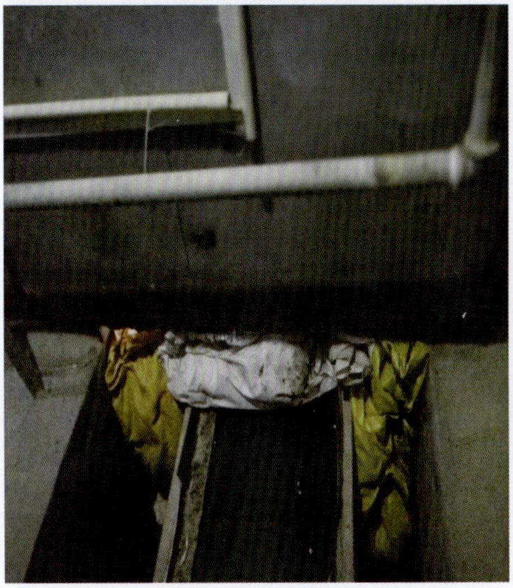

图 15　粪沟处理

图 16　湿帘密封

图 17　鸡舍 CO_2 浓度

图 18　鸡舍温度、相对湿度

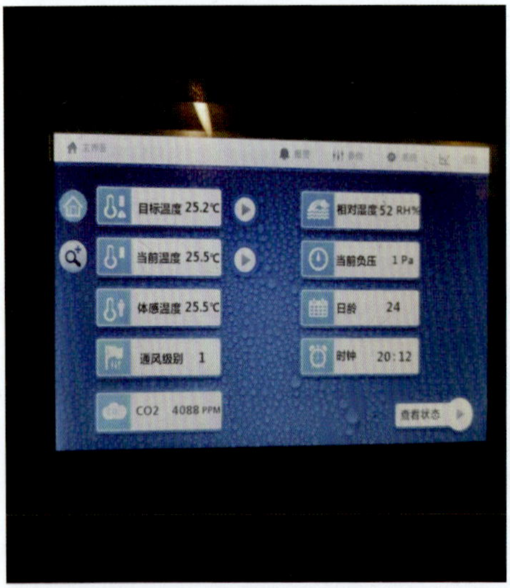

图 19　鸡舍负压

图 20　红色粪便

鸡舍温度是否适宜，不能完全依据温度计数值判断，还要观察鸡群状态，以及近期有无剧烈天气变化等应激因素。健康、亚健康、正在发病的鸡群，对鸡舍温度的耐受能力是不一样的。亚健康或者发病鸡群，如果采用健康鸡群通风参数，就会造成更严重的应激，最终影响到饲料转化率和经济效益。

鸡舍密封性不好，会对通风效果产生较大影响，导致鸡群发病或病情加重。鸡粪状态和颜色，可以反映肠道是否健康，提示可能发生肠道疾病。鸡舍内各种环境参数，如温度、相对湿度、负压、风速、风机功率，以及空气中 CO_2、NH_3 浓度，是设置通风参数的主要因素。

二、肉鸡饲养管理要点

肉鸡养殖是一个细节决定成败和经济效益的产业，肉鸡饲养周期 35~40 天，不同生长阶段的肉鸡对温度、相对湿度、通风、负压等条件的要求不一样。肉鸡生长速度快，抗病能力相对差一些，如果饲养管理关键环节出现失误，鸡群患感冒或者呼吸道病，将导致养殖成本增加，经济效益降低，甚至养殖失败。

肉鸡饲养管理包括终末消毒、鸡舍密闭性、鸡苗质量、育雏管理、夜间管理、鸡舍空气质量、鸡舍通风管理、光照管理、水线管理、湿帘使用、雾线消毒和粉尘处理、温度探头位置等。

（一）终末消毒

终末消毒是肉鸡养殖成功的关键管理措施之一，鸡舍环境控制的好坏直接影响肉鸡饲养管理指标。净化环境最好的时机是终末消毒环节，相比鸡舍外的大环境，鸡舍小环境我们完全可以控制。

1. 消毒方式

鸡舍消毒前先要彻底清洗。实践证明，带鸡消毒控制传染病的效果并不理想，冲刷消毒又有很大的局限性，只有熏蒸消毒才能最大限度保证鸡舍环境的洁净。熏蒸消毒要求鸡舍温度保持 20℃以上、相对湿度 60%~80%，秋冬季节要提前升温，熏蒸时间不少于 12 小时。

2. 鸡场常用的消毒剂

（1）甲醛：甲醛对几乎所有病原微生物都有强大的杀灭能力。熏蒸消毒 24 小时后要除去残留的甲醛，可用 15 毫升 25% 氨水 / 米 ^{3} 去除。宿舍和操作间使用酒精锅熏蒸消毒，戊二醛 0.1 毫升 / 米 ^{3}。

（2）三氯异氰尿酸钠：三氯异氰尿酸钠是一种极强的氧化剂和氯化剂，具有高效、广谱、安全的特点，对细菌、病毒、真菌、芽孢等都有杀灭作用，对球虫卵囊也有一定杀灭作用。该消毒剂不受温度和相对湿度的影响，对笼具也没有腐蚀作用。

（3）过氧乙酸：过氧乙酸是一种绿色生态杀菌剂，在环境中没有任何残留，可用于传染病消毒、饮用水消毒。缺点是易燃易爆，对金属有腐蚀性，不能用于对金属器械的消毒，使用过氧乙酸时应戴橡胶手套。0.1%~0.4% 过氧乙酸溶液（或 2% 戊二醛），用于喷雾消毒鸡舍地面或者门窗。

消毒剂也容易产生抗性，可以选择几类消毒剂轮换使用。

（二）鸡舍密闭性

鸡舍密闭程度对鸡舍通风效果影响大，因为鸡舍通风参数是在鸡舍密闭性完好前提下设置的。

冬季为了提高鸡舍密闭性，在鸡舍外围可对风机、湿帘和小窗加装挡风布（图 21、图 22）。

图 21　鸡舍外小风机进风口密封

图 22　鸡舍外大风机进风口密封

鸡舍内可以加装带滑轮的挡风布，通过调节挡风布高度改变风速和通风的下落点（视频6）。靠近风机和正对湿帘进风口的鸡笼前面可以加装挡风布，避免冷风直接吹到鸡身上（图23、图24）。

图23　鸡舍走廊加装挡风布

图24　近风机端加装挡风布

（三）鸡苗质量

1. 健康鸡苗

（1）孵化种蛋大小均匀，平均质量为48~50克，出壳鸡苗不低于41克。

（2）鸡苗强壮，采食和饮水时警觉，叫声清脆嘹亮，没有伸脖喘气和呼吸道啰音。

（3）鸡苗没有细菌感染，跗关节无肿胀、不显红色；脐部愈合良好，没有黑肚脐或湿肚脐。

（4）鸡苗没有缺陷，如交叉喙、瞎眼和瘸腿等。

（5）鸡苗眼睛明亮，颈部圆胖，无脱水迹象（皮肤层叠或血管露出）。

（6）鸡苗腹部柔软，无发胀或变硬。

（7）7日龄内鸡苗死亡率低于1.2%。

2. 不健康鸡苗

调查发现，因鸡苗质量不合格导致养殖失败的案例至少占 10%。普通养殖人员仅凭观察很难判定鸡苗的质量。不健康鸡苗，包括注射抗生素的鸡苗、垂直传播疾病鸡苗、孵化器污染鸡苗。

（1）注射抗生素的鸡苗：商家在孵化场给 1 日龄鸡苗注射抗生素，以保证出售后 7 天内不表现排稀便和呼吸道症状。注射抗生素的鸡苗在 10~13 日龄会突然大群发病，以气囊炎症状为主。给鸡苗打针常用利高霉素或者丁胺卡那加头孢，会导致鸡肾损伤、机体脱水，注射抗生素的鸡苗临床多表现“糊屁股”，长时间排稀便（图 25、视频 7），往往易被误诊为肠炎。注射抗生素的鸡苗会给鸡场带来巨大经济损失。

图 25　注射抗生素的鸡苗

（2）垂直传播疾病鸡苗：种鸡感染了淋巴白血病、传染性法氏囊炎、病毒性关节炎、滑液囊支原体病、包涵体肝炎、马立克病、传染性贫血等垂直传播性疾病，商品鸡苗往往会表现临床特征。

出现呼吸道症状的 5 日龄鸡占 5%~10%，严重者咳喘、甩鼻。鸡场需要进行两个疗程以上的对症治疗，但效果不佳。

鸡苗刚开始死淘率不高，20 日龄左右死淘率增加，剖检症状以大肠杆菌和气囊炎为主。

商品鸡疫苗免疫效果较差，长势缓慢，部分鸡成为僵鸡，易继发禽流感、新城疫、传染性支气管炎等。

（3）孵化器污染鸡苗：孵化器污染是指消毒不彻底，种蛋被病原微生物污染，导致孵化场弱雏增多。孵化器污染鸡苗易患脐炎，以葡萄球菌和沙门菌、大肠杆菌感染为主（图 26），很难治愈，最好的办法就是淘汰。

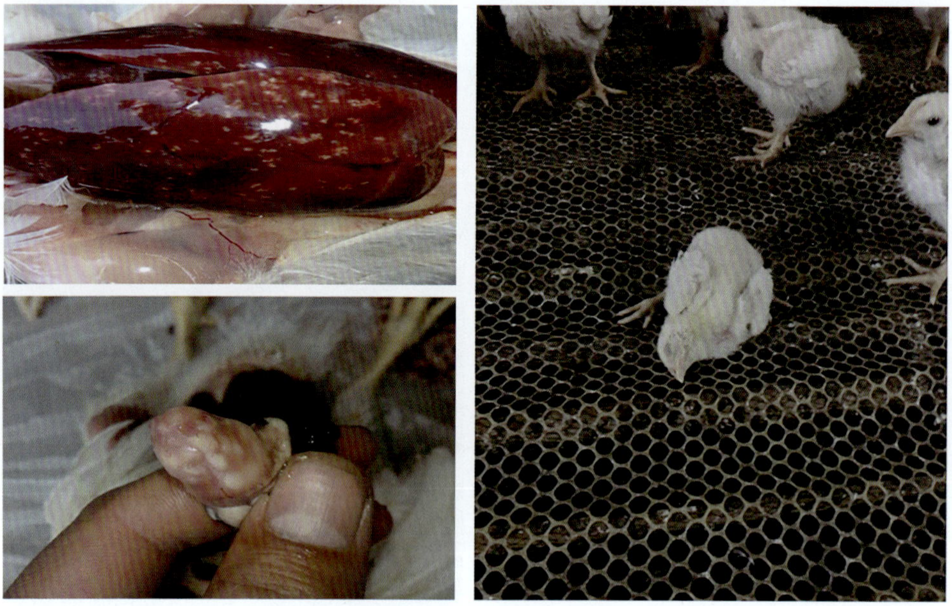

图 26　沙门菌感染的鸡苗

（四）育雏管理

1. 合格的育雏

7 日龄雏鸡体重必须达到初生重的 4.5 倍（185~190 克），否则，说明育雏不合格（图 27），即“周末定终身”。育雏体重每增加 1 克，出栏体重增加 6~7 克（视频 8）。

图 27　7 日龄雏鸡体重差异

2. 失败的育雏

7 日龄雏鸡心、肺、血管发育，高温高湿会使肺部毛细血管受到损伤，造成永久性心、肺发育不良。如果雏鸡前期处于低氧条件，后期死亡率会增加 2%。

3. 育雏管理细节

育雏阶段，保持鸡舍适宜的温度和相对湿度很重要，冬季育雏保持温度34℃、相对湿度60%左右；夏季育雏保持温度33.5℃、相对湿度60%左右。鸡舍需要提前预温，冬季提前2天，夏季提前1天；如果预温的笼具温度低于29℃，鸡苗的爪会受凉，造成前期血液循环障碍。

育雏期间必须每天合理降温，如果一直保持高温，雏鸡会对高温产生依赖性，一旦生长后期降温幅度偏大，则容易造成冷应激。如果鸡群前期（3周龄之前）一直在高温环境中生长，不能正常脱温，后期（5周龄左右）则采食量偏低（每只鸡每天采食量不到100克），体重低于1.5千克。鸡舍稍微一降温鸡群就变得不活跃，稍微加大通风量鸡群就出现呼吸道症状，就更不敢降温了。因此，鸡舍前期闷得时间长，易导致鸡体重不达标。

【正确措施】加大通风量，尽快给鸡舍降温，以防出现支气管栓塞和气囊炎。鸡舍负压尽量别太大，多开几处通风口。雏鸡对风速格外敏感，负压大了易导致通风口处的鸡受凉，因此，养殖者要在鸡舍内多走走，随时观察鸡群状态。鸡舍设置通风量应以鸡群状态为标准，鸡群处于舒服的体感温度。鸡群分布均匀，羽毛整齐，有喝水的，有吃料的，有趴着的，以小部分鸡微微张口为最好。

4. 及时淘汰病鸡、弱鸡

病鸡、弱鸡是病原的“加工厂”。病鸡即使没有临床症状，也会排毒，弱鸡的饲料转化率会降低。及时淘汰病鸡、弱鸡，既可以减少鸡群中的病原体，又可以避免浪费饲料。养殖者可按照以下标准淘汰病鸡、弱鸡。

（1）鸡肚子发红且硬，这种鸡7日龄易患脐炎；伸脖喘气，使劲甩头。

（2）鸡眼窝深陷，颈部羽毛逆立。

（3）鸡爪干瘪，鸡体消瘦、鸡只瘫痪，不能正常采食。

（4）鸡头脸发绀，腹部臌大且有腹水。

（5）鸡爪发凉是最明显的特点（腺肌胃炎除外）。

（五）夜间管理

1. 夜间通风

白天鸡舍的饲养管理相对容易，难点是凌晨 2~6 时，此时饲养管理人员容易犯困，不能及时根据鸡群实际情况调整通风量大小，而给鸡群造成应激，引起发病。

2. 夜间鸡舍氨气浓度

鸡气管纤毛层呈根状突起，有一层薄薄的黏液覆盖在纤毛上，可以粘住空气中的小颗粒和病原体（图 28）。空气中氨气浓度过高会导致鸡气管纤毛受损或萎缩，病原乘虚而入。

纤毛波浪状推动病原体到鸡口，鸡吞咽后病原体被消化道中的酸液杀灭。若氨气浓度高，病原体可通过纤毛黏液层下行到气管基底细胞，然后大量繁殖，导致鸡生病（如支气管炎）。病原体可以杀死纤毛细胞，从而更容易进入机体，导致继发感染（如大肠杆菌病）。 最新研究表明，氨气浓度迅速上升到高峰水平，比氨气浓度保持在恒定低水平更具破坏性。这就是白天和夜间都要保持高通风量的原因。

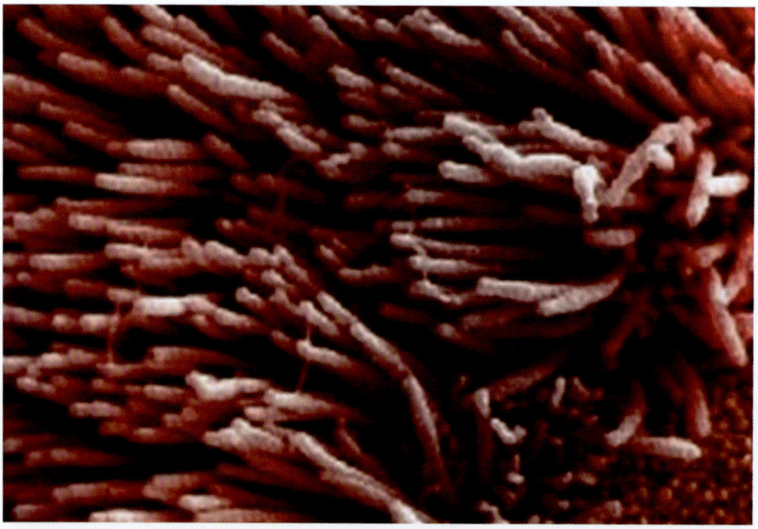

图 28　气管纤毛层

3. 夜间大风

夜间大风时鸡群易发病，需要加湿和适当升温，适当关小通风口或者小窗，不关灯，不控料。

（六）鸡舍空气质量

鸡舍空气污染，会严重影响鸡群健康和饲料转化率。鸡舍空气质量越好，料肉比越低。表 1 为鸡舍空气质量对鸡群的影响。

表 1　鸡舍空气质量对鸡群的影响

空气类别	对肉鸡的影响
氨气	大于 10×10^{-6}，会损害肺 大于 20×10^{-6}，易感染呼吸道疾病 大于 50×10^{-6}，会降低生长速度
二氧化碳	大于 0.35% 会造成腹水症，甚至死亡
一氧化碳	100×10^{-6}，会造成肉鸡缺氧，甚至死亡
灰尘	损害呼吸道纤毛层，易感染疾病
相对湿度	当温度高于 29℃、相对湿度大于 7% 时，会降低生长速度

鸡舍氨气和二氧化碳浓度过高会引起鸡群不适，轻则鸡饲料转化率降低，重则诱发鸡呼吸道疾病。

地面养殖模式：鸡舍氨气浓度要低于 20×10^{-6}；网上平养模式，鸡舍氨气浓度要低于 15×10^{-6}（养成期清粪不少于 9 次）；立体笼养模式，鸡舍氨气浓度低于 5×10^{-6}（养成期清粪不少于 11 次）。

据文献报道，二氧化碳浓度超过 10.2% 就会引起鸡免疫抑制。大部分鸡场要求鸡舍内二氧化碳浓度不超过 0.45%；实际情况是，夜间鸡舍二氧化碳浓度控制在 0.32%，白天控制在 0.25%，鸡是可以忍受的，过度通风会增加升温的费用。二氧化碳无色无味，如果养殖者夜间在鸡舍中感到胸闷气喘，则说明二氧化碳浓度已经达到 0.5% 以上了。二氧化碳浓度对肉鸡饲料转化率的影响也非常大。

（七）鸡舍通风管理

1. 通风量控制不合理

鸡舍通风量控制不合理，易导致鸡群遭受应激，进而引发鸡支气管栓塞。

鸡舍通风量过大或过小都会诱发鸡支气管栓塞，通风量过大会导致鸡感冒（冷应激），通风量过小会造成闷鸡（热应激）。鸡感冒，大多数情况是因为外界温度太低，鸡舍保温条件和升温方式不匹配造成通风量过大，鸡舍为低温高湿环境。闷鸡主要发生在冬季，夏季也会发生。鸡舍通风量过小或者鸡舍相对湿度过大，或者鸡舍通风面积比例过小，均会导致闷鸡。

相对于鸡感冒，闷鸡造成的支气管栓塞治疗过程相对简单，病程较短、死淘率低一些。闷鸡导致的支气管栓塞，临床症状为黑肺、肺水肿。

闷鸡和鸡感冒引起的支气管栓塞，病原是一样的，但因环境条件控制不同，导致病鸡的临床症状和剖检症状不同。鸡支气管栓塞是一种临床综合征，在临床上可以重复该症状，在实验室很难复制（视频 9）。

【正确措施】根据外界天气情况、鸡日龄进行合理通风，避免或者减少鸡舍通风量过大或过小情况。

2. 温控通风模式使用不当

在高温低湿条件下，鸡舍通风管理不能过多使用温控模式，因为操作不当易引起风机常转，形成风冷效应。一旦风机常转，就要不断提高温控数值，即使温控数值已经高于目标温度 5℃以上。鸡舍相对湿度下降较快，风速持续增加，特别是小日龄鸡因换气量过大形成的风冷效应，易发生肾肿大或者支气管栓塞。

肉鸡发生支气管栓塞与鸡舍内温度数值没有直接关系，而是由温控数值决定。鸡舍温度影响因素：一是太阳的热辐射；二是鸡舍外温度升高；三是鸡舍内鸡群活动所产生的热量。以上 3 种热源具有叠加效果。鸡舍温度计的显示数值，我们称为“虚温”。冬季鸡舍通风采用温控模式比较安全，因为冬季鸡舍温控数值是鸡舍内的实际温度。春末夏初，由于太阳的热辐射和外界空气温度升高造成鸡舍温度升高，可能是虚温；特别是当外界气温为 22~30℃时，鸡舍通风使用温控模式一定要格外小心。例如，鸡舍外相对湿度小于 40%，鸡舍通风就不适合采用温控模式。当鸡舍外界最高气温与鸡舍目标温度的差值小于 12℃时，使用温控模式通风也具有一定风险。当鸡舍外最高气温与鸡舍的目标温度差值大于 12℃，鸡舍通风过程中风机能够拉停，采用温控模式是比较安全的。

鸡舍外气温超过目标温度 5℃以上时，鸡舍通风应慎用温控模式；否则，风机运转时易对鸡群造成冷应激，风机停止时又容易造成闷鸡。鸡群一闪一闷，易患支气管栓塞。该通风模式持续 3 天以上，鸡就可能发病，并且死淘率比较高。

【正确措施】通过适当增加风机数量或者通风量，抑制鸡舍温度过快上升，而不是使用温控模式强行把鸡舍温度降下来。鸡舍通风采用时控模式时的风机通风量，是在温控模式时的风机通风量基础上增加 10% 以上；采用时控模式降温保持适宜的通风比例，最多增加 30% 通风量，超过即有引起鸡支气管栓塞的风险（视频 10）。

3. 时控通风模式 + 温控通风模式使用不当

目前鸡场普遍采用时控通风模式 + 温控通风模式。如果鸡舍总体通风量过小，会出现很多通风死角，导致鸡舍温度长期偏高；或者由于风机转速高，运转时间较长，导致鸡舍温度偏低。以上两种情况可能表现为通风比例过大，风从鸡体表流速越高，带走的热量也就越多，最终导致鸡感冒。

【正确措施】准确计算风机功率：用最小通风量除以鸡日龄，得出风机功率，10 时前采用该风机功率较为合适；10 时后要适当增加风机数量；或者在中午外界气温超过目标温度 2℃以上时，适当增加风机数量；当鸡日龄较小时，可以增加风机挡位 1~2 格（相当于通风量增加 2 000~3 000 米^3/ 时）；当外界气温较高时，增加半台风机的功率；鸡超过 35 日龄，可以增加 1 台风机的功率（视频 11）。

4. 相对湿度补偿

春季高温低湿，相对湿度是决定鸡舍通风效果的主要参数之一，湿度表一定要校正准确。如果湿度表读数不准确，相对湿度数值虚高，养殖者就会认为通风量不足，不断增加风机功率（加大通风量），最终导致鸡群感冒，进而发展为鸡支气管栓塞。

（1）春季必须把相对湿度补偿作为通风参数计算。不同日龄鸡的相对湿度补偿系数不一样，10% 相对湿度可以使温度变化 0.3~1.2℃。

（2）通风比例越大对相对湿度影响越大，如果通风比例低于 30%，可以通过加湿来增加鸡舍内相对湿度。如果通风比例超过 30%，加湿对鸡舍相对湿度的增加效果就不明显了。

（3）无论鸡舍外空气相对湿度多高，鸡舍内随着温度增高相对湿度降低的程度都比较小；当鸡舍外气温低于鸡舍内温度时，随着通风量增加，鸡舍外冷空气进入鸡舍内，即使鸡舍内原来的相对湿度很大，通风后鸡舍相对湿度也会降低。

（4）通风周期越短（风机停的时间越短），鸡舍内湿气越不容易蓄积，越要考虑相对湿度补偿。

（5）鸡舍清粪之后，蒸发的水分相对减少，鸡舍内相对湿度会自然下降 5%~7%。这种情况不是通风造成的相对湿度下降，可以忽略不计，不需要额外进行相对湿度补偿。

【正确措施】相对湿度补偿：调整目标温度，调整相对湿度修正值，相对湿度补偿放到每一个级别通风的启动温差中。具体采用哪种方式，要根据鸡舍的具体环境条件做出科学判断，每一种方法都各有优缺点（视频 12）。

5. 风冷效应

风冷效应，即鸡舍风机常转。风机常转是一种鸡舍降温模式，采用风机常转模式，需要参考热应激指数，只有当热应激指数大于 150 时，鸡舍风机才可以常转；还需要参考鸡群日龄，鸡舍外界气温与目标温度的差值。养殖者往往根据鸡舍外气温超过目标温度的差值，来决定是否采用风机常转模式。如差值为 3℃以上，养殖者的第一反应就是立即把鸡舍温度降下来，于是就通过增加风机功率（加大通风量）或者使用温控模式通风，达到鸡舍降温的目的。这些操作易导致鸡群受到冷应激，引起鸡支气管栓塞。

【正确措施】根据鸡日龄和鸡舍外风机进风口的温度变化，随时调整风冷系数。当鸡舍外风机进风口温度为 29.4~32.2℃，风冷系数应该逐渐降低：第 1~5 周龄基础风冷系数分别是 8、6、5、4.5、3.5；当外界温度为

20~26℃，应该从第 2 周龄开始调整风冷系数，须在基础风冷系数上加 1；当外界温度为 26~29℃，风冷系数加 0.5；当外界温度为 32.2~35.0℃，需要减少风冷系数，须以基础风冷系数乘以 0.6~0.7，这样计算出来的鸡体感温度才是最准确的（视频 13）。

6. 风机加减时间不及时

春季受室外热辐射和外界温度的影响，鸡舍温度迅速升高。大部分养殖场的做法是，不断增加风机运转的时间，至风机常转时，再增加风机通风量。这种通风模式主要靠增加风机运转时间，或者通过缩短通风周期来降低鸡舍温度。这种通风模式在冬、夏季节是正确的，但是在春季，特别是外界温度在 20~28℃时就是错误的。因为，通过增加风机运转时间，不足以达到降低舍内温度所需的通风量，最终导致就是闷鸡。

【正确措施】通过增加风机功率，同时增加风机运转时间和通风量来降低鸡舍温度。具体措施：当鸡舍内温度超过目标温度 2℃以上时，可以增开半台风机或者 3~4 格风机通风量；傍晚外界温度降低，当鸡舍平均温度接近目标温度 1℃左右，开始减少打开风机的数量。这种通风模式可以避免鸡受凉，降低鸡患支气管栓塞的概率（视频 14）。

7. 过分重视鸡舍温度

大部分鸡支气管栓塞是由感冒引起的，以下情况肉鸡易患感冒：在不同日龄、不同温度下，风从鸡体表吹过频率过高。当鸡舍内温度开始升高，就立即采取降温措施；当鸡舍温度开始降低，就立即减少风机开机数量。这种通风模式是不科学的，容易导致鸡体感温差增大，鸡患感冒。

鸡舍温度仅是调控风机运行的一个参考指标。夏季，鸡舍温度超过 30℃以上，由于鸡舍通风量大而且安全，空气质量好，出栏鸡的饲养管理指标良好；冬季，虽然鸡舍温度接近通风设置的目标温度，但是容易控制鸡舍不同区域的温差，不会对鸡造成冷应激，同样出栏鸡的饲养指标很好。

【正确措施】养殖者需要重点关注鸡舍通风趋势。春季当鸡舍外温度低于 28℃时，鸡舍通风要以时控模式为主，即使鸡舍内温度高出舍外 4~5℃，也不会导致闷鸡。例如，当舍外温度是 25℃时，鸡舍最高温度 35℃，舍外空气相对湿度45%时，根据公式计算出热应激指数为100~150，但是不会热坏鸡。如果过分重视鸡舍内温度，想控制在目标温度之内，最终导致鸡舍通风量过大，给鸡群造成冷应激，鸡群患感冒，进而引发支气管栓塞（视频15）。

8. 通风级别设置不合理

在以下天气条件下，鸡易发生支气管栓塞：鸡舍外温度在15~28℃、空气相对湿度低于40%，鸡舍内外温度上升都很快，鸡舍通风过程中风机运行级别高，导致鸡舍温度快速超过目标温度3℃以上。如果鸡舍通风过程中设置的风机通风级别太多，通风量就会特别大，虽然鸡舍内温度快速升高，但热量不是鸡产生的，而是天气条件造成的，结果造成鸡群冷应激。

【正确措施】一般夏季风机启动温差都是以0.3~0.5℃作为一个级别。在高温低湿天气条件下，要把相对湿度补偿计算在启动温差中，设置每个通风级别的启动温差在0.7~1℃。根据最小通风量和最大通风量的温差设置通风级别，如果温差是6℃，可以设计7个通风级别，以1℃作为1个通风级别。如果设置通风级别太少（3~4个级别），容易导致闷鸡。如果设置的通风级别过多，如以0.3~0.5℃作为1个通风级别，就容易导致通风量过大，造成鸡冷应激（视频16）。

9. 设置通风周期不合理

随着鸡日龄增大，需要不断提高通风设置的目标温度，加大通风量。许多鸡场采用固定风机运转时间，减少风机停止时间的通风模式，来增加鸡舍通风量。这种通风模式在冬季是正确的，但是在高温低湿季节（鸡舍外界温度超过25℃，空气相对湿度低于40%），特别是在鸡15~30日龄就容易出现问题。鸡舍通风周期缩短会导致鸡舍通风量过大，鸡舍空气相对湿度也会逐渐降低，形成风冷效应，鸡群受凉；鸡舍外空气相对湿度比较低，如果通风周期变长，风机运转的时间也少，会导致鸡舍温度不断升高，通风过程中设置通风级别高，反而导致通风量增加。由于风机运转的时间长，回温的时间也短，容易导致鸡受凉。

【正确措施】既要保证风机运转时间，又要保证风机停转时间。保证风机运转时间，是为了抑制鸡舍温度过快上升；保证风机停转时间，是为了让鸡舍尽快回温。二者加在一起，通风周期就变长了。具体通风周期到底是 240 秒、280 秒，还是 300 秒，需要根据鸡舍的体积和长度来决定（视频 17）。

10. 高负压问题

高负压也是引起鸡支气管栓塞的一个重要因素，尤其以全通风管为主的鸡舍更容易发生。例如，东北地区许多养殖者认为，降温模式下需要一定的风速，只有负压大了才能保证一定风速。小窗风速指的是进风口的风速，而不是鸡舍走廊风速（或者鸡笼风速）。进风口风速增加，进入鸡舍的风就很难落到地面。负压越大，风在鸡舍内的落点越远，上层鸡笼由于风阻小、风不落地，造成通风量过大，鸡容易受凉。鸡临床症状为眼睛变形、双眼皮。同时，由于鸡舍内负压过高，通风过程中风机功率就会降低，保持同样的通风量，风机运转时间就会变长，导致鸡的体感温度降低，易感冒。

【正确措施】按照鸡舍宽度 ×1.1 或 1.2，计算降温模式下需要的负压值。全通风管的鸡舍，负压控制在 12~15 帕（视频 18）。

11. 采用时控和温控通风模式的比例不当

在初春采用时控模式和温控模式通风的温控值都比较高，鸡舍内温度升高很快。养殖者为了避免让风机常转，会不断加大通风量、通风比例，以及风机功率，最终导致鸡群感冒。

【正确措施】需要设置合理的通风模式，如果以时控通风模式为主，则可以适当增加温控值；如果以温控通风模式为主，则时控通风模式的通风比例就不要太大。因为时控通风模式是受时间限制的，温控值已经很低了，等温控模式运行完成后，紧接着运行时控通风模式时，鸡舍没有足够的时间回温，鸡群就会受到冷应激，特别是小日龄鸡。因此，在初春或者秋末鸡舍时控和温控通风模式比例不当，鸡易感冒（视频 19）。

12. 减少风机开机数量太早

初春昼夜温差比较大，通常情况下 19 时以后鸡舍外温度已经很低了，但是鸡舍内温度没有降低，还是超过目标温度 2~3℃。如果此时养殖者开始减少风机开机数量，风机运转的时间会增加，风机还是按照鸡舍温度运转，冷空气就会长驱而入，鸡群就容易感冒。

【正确措施】等到鸡舍温度与目标温度相差 1℃，先降低温控值，再逐渐减少风机开机数量，就能避免鸡群受到冷应激（视频 20）。

13. 湿帘使用不当

湿帘的作用是抑制鸡舍温度过快上升，鸡舍空气相对湿度越低，蒸发量越大，鸡舍降温效果就越好。如果湿帘使用不当或者使用湿帘过早，就容易给鸡群造成冷应激，尤其是高温低湿天气（鸡舍外空气相对湿度在 30% 以内），鸡舍空气相对湿度为 40% 左右。在这种天气条件下过早使用湿帘降温，易给鸡造成剧烈冷应激（视频 21）。

【正确措施】使用湿帘前，要计算热应激指数，湿帘自动上水时间、上水间隔时间、上水量。

（八）光照管理

鸡舍内损坏或者亮度不达标的灯泡和灯带必须及时更换，保证雏鸡刚进舍时有足够光照。相关研究表明，鸡舍内灯光较暗会严重影响雏鸡开食，降低饮水和采食量。

推荐光照程序：在雏鸡入舍 48 小时内给予 24 小时光照；在雏鸡入舍 72 小时后给予 23 小时光照，培养雏鸡适应黑暗的能力。

（九）水线管理

1. 肉鸡饮水量

笼养肉鸡水线的问题尤其重要，需要根据水表读数每天统计饮水量，并计算料水比，肉鸡饮水量异常可反映出很多鸡舍饲养管理问题（图 29、视频 22、视频 23）。

2. 水线冲洗消毒

每周冲洗水线 1 次，水线对鸡群均匀度影响非常大。鸡饮水量少，采食量就降低。例如，可以用过氧化氢等消毒剂对水线定期消毒；在一个疗程用药结束后，以 1∶800~1∶1 000 清洗剂净化水线，肉鸡全天自由饮水。

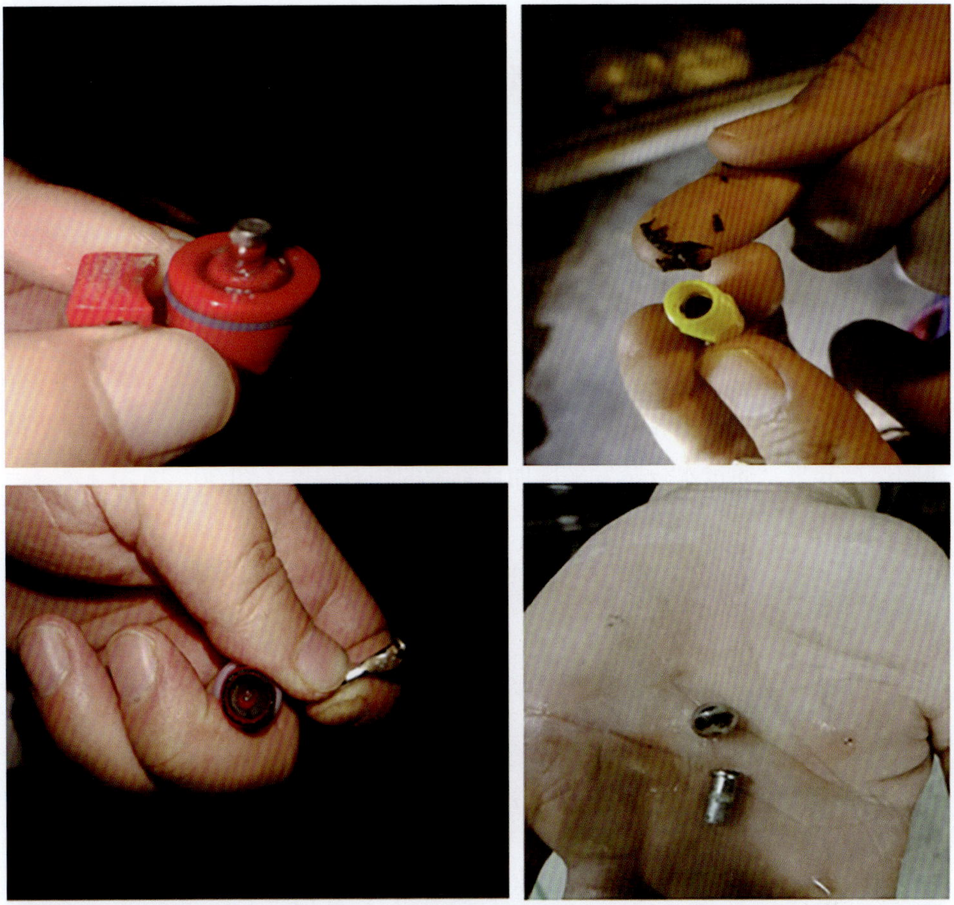

图 29　冲洗水线

3. 水线乳头滴水量

鸡理想的饮水温度是 10~15℃，超过 30℃鸡饮水量开始下降，超过 40℃鸡拒绝饮水。随着鸡日龄增加水线要不断升高（表 2）。

表 2　不同日龄鸡的水线高度

日龄 / 天	1	3	5	7	9	11	13	15	17	19	21	23	25	27	29	31	33	35	37	39
高度 / 厘米	9	13	15	17	19	20	22	24	26	28	29	30	31	32	33	35	36	37	38	39

4. 根据肉鸡周龄调节饮水量

水压太大洒水太多，水压太小不能给鸡提供足够的饮水。水压参考标准：1周龄，20毫升/分；6周龄，最小出水量60毫升/分，最大出水量80毫升/分。用手按住水线乳头，计算出水量。

出水量 = 周龄 ×7+35（毫升/分）

（十）湿帘使用

湿帘的主要作用是夏季鸡群防暑降温。高热、低湿干热天气时湿帘的降温效果更明显。在鸡舍内相对湿度较低情况下，可以在湿帘上洒水，然后用塑料薄膜遮挡起来，通过水分蒸发来增加育雏舍的相对湿度（图30、图31）。

图30　湿帘外观

图31　给湿帘上水的水池

在高温高湿天气时，使用湿帘降温的效果甚微。

湿帘使用得当，可以降低鸡舍温度，避免鸡群中暑或者闷鸡。如果高温季节使用湿帘不当，鸡易患感冒和呼吸道疾病，造成巨大经济损失。

【正确措施】高温高湿天气，要根据鸡日龄、鸡舍结构、白天或者夜晚，以及鸡舍温度控制模式等因素综合考虑，设置一个适合鸡群的动态湿帘降温程序。使用湿帘必须循序渐进，逐渐增加湿帘面积和风机运转时间（图

32）；如果鸡处于亚健康状态，湿帘用的过早、面积过大，都可能造成冷应激，诱发感冒、传染性支气管炎（视频 24、视频 25）。

图 32　鸡舍内近风机端安装湿帘

（十一）雾线消毒和粉尘处理

粉尘在鸡舍内普遍存在，只是粉尘的浓度高低不同。现代笼养鸡舍几乎都安装了雾线，但大部分使用频率很低，主要担心喷雾让鸡受凉感冒，因此，正确使用雾线显得尤其重要（视频 26）。降低鸡舍内粉尘浓度，也是鸡场一项重要的管理措施。

1. 雾线的作用

（1）加湿：通过雾线加湿，使鸡舍相对湿度保持在合理范围之内。

（2）除尘：雾线加湿可以消除空气中的尘埃（尘埃是病原体的载体），减少鸡群患病（图 33）。

图 33 发病鸡舍雾霾超标 30 倍

（3）消毒：通过雾线消毒，可以降低鸡舍空气中病原微生物浓度，同时也切断了病原体的传播途径。

（4）降低氨气浓度：氨气会损伤鸡呼吸道纤毛层，导致呼吸道疾病。通过雾线加湿可以降低鸡舍氨气浓度，预防鸡患呼吸道疾病。

2. 空气消毒

相关研究证明，H9N2 禽流感病毒主要通过空气传播，所以通过空气消毒，能降低空气中病原微生物浓度，大大降低 H9N2 禽流感和传染性支气管炎的发病率。

消毒药 50~100 毫升 / 米 ^{3}，冬季用量 100 毫升 / 米 ^{3}，夏季用量 50 毫升 / 米 ^{3}；喷雾消毒，雾滴直径为 80~120 微米，20~40 日龄鸡可以隔一天消毒一次。

3. 降低粉尘浓度

如果发现 30 日龄鸡的羽毛发黄，养殖者进鸡舍转一圈，头发、眉毛粘满灰尘，身上一股尿骚味，说明鸡舍粉尘浓度高（图 34）。

图 34　鸡舍粉尘浓度高

鸡舍粉尘浓度与相对湿度相关，相对湿度越小，粉尘就越多，特别是当相对湿度小于 50% 时，应尽快使用雾线加湿（冬季从鸡 15 日龄开始，夏季从鸡 10 日龄开始）。雾线加湿可以使空气中的悬浮颗粒物凝聚沉降，保护鸡群呼吸道纤毛层，夏季还可给鸡舍降温。

（十二）温度探头位置

在整个养殖过程中，适宜的通风和温度是保证鸡群健康生长的必要条件。鸡舍温度变化曲线反映了冷热变化趋势，可以决定通风量和开启风机数量。鸡舍内温度探头的位置是否合适，决定了能否准确测量鸡舍温度。

如果温度探头放置过于靠前，鸡舍前面是低温区，探头显示温度低于鸡舍实际温度，会导致鸡舍通风量过小，鸡长得偏小；如果探头位置靠中间放置或者过于靠后，由于鸡舍后端是高温区，这时候探头显示的温度就比鸡舍实际温度偏高，鸡舍通风量就会过大，导致鸡群受凉（图 35、视频 27）。

裸露在笼具外面　　捆绑在笼具水线上　　高于水线并固定

图 35　温度探头位置（温度探头位置不同，造成所测量的鸡舍温差为 1~2℃）

三、肉鸡疾病防控要点

随着肉鸡养殖规模化程度不断提高，肉鸡疾病防控重点也在不断变化。肉鸡疾病主要分为三大类：第一类，高致病性禽流感等重大疾病，大部分鸡场管理人员都很重视。只要科学防疫，商品化疫苗的保护效果都较好。第二类，免疫抑制疾病，经过种蛋垂直传播，是祖代鸡、父母代鸡的净化重点疾病。因为商品鸡饲养周期短，使用疫苗来防控和净化免疫抑制病是不现实的。第三类，条件致病性疾病，如H9N2禽流感、传染性支气管炎、腿病和肠道疾病。在鸡舍环境条件控制较好的情况下，该类疾病发生程度较轻，可以控制；如果鸡舍管理不到位，则容易导致多重感染，造成巨大损失。该类疾病才是规模化鸡场应该关注的重点。

本节重点介绍腺胃炎、坏死性肠炎、腿病、H9N2禽流感、传染性支气管炎、气囊炎等的临床症状和防治措施。

（一）腺胃炎

1994年，江苏省海安、东台、盐城等地区发现该病，近年来鸡腺胃炎在北方地区发病较为严重，主要感染白羽肉鸡、蛋鸡、快大黄鸡、817杂交鸡等，临床发病率在10%~30%。若不及时发现，发病率最高可以达到80%以上。单纯腺胃炎发病引起的鸡死亡率不高，为3%~5%，有并发感染时死亡率升高，并且严重影响鸡群的生产性能。

【病因】多种病毒均可引起鸡腺胃炎。如鸡传染性支气管炎病毒（IBV）、H9N2禽流感病毒（H9N2 AIV）、鸡新城疫病毒（NDV）等，通过感染鸡的消化系统而引起一过性急性炎症（视频28）。多数病鸡肌胃角质层出现溃疡，发病率 10% 以上。病鸡吃料减少，在减料的前 2 天鸡腺胃略肿，伴随不同程度的呼吸道症状。如果是免疫抑制病毒，如淋巴白血病病毒、呼肠孤病毒、网状内皮增生症病毒，临床发病率在 2% 左右。病鸡不能完全治愈，最终成为“僵鸡”，腺胃角质层轻度溃疡。

种鸡吃了被霉菌毒素污染的饲料，对生产性能影响不大，但毒素会蓄积在卵黄中。4 日龄内雏鸡营养物质主要来自于卵黄，所以鸡还没有出壳就已经形成腺胃肿大、肌胃裂口；10 日龄内雏鸡，一般发病率为 2%~3%，但能自愈，体重要比正常鸡低 20% 左右。

影响肉鸡生长的霉菌毒素主要是呕吐毒素，这类毒素化学结构中的环氧基会刺激消化道黏膜，造成腺胃炎、肌胃炎，鸡临床表现为排料粪。消化道黏膜受损会产生剧痛，从而引起鸡翻倒、神经性哆嗦。如果饲料中加入较多玉米副产品和小麦粉，养殖户会发现鸡的粪便比较黏。这两种饲料原料是产生呕吐毒素的主要来源，而且容易诱发产气荚膜梭菌繁殖，导致坏死性肠炎，临床表现为鸡无任何症状而突然死亡。

【流行特点】

（1）品种差异：以白羽肉鸡、快大黄鸡、蛋鸡发病为主，优质黄鸡发病不明显。

（2）发病日龄：以白羽肉鸡为例，最早发现于 7 日龄，大部分鸡在 21~35 日龄发病。

（3）发病季节：有明显的季节性，主要集中在 6—9 月，10 月后明显减少。

（4）管理因素：该病发生与饲养管理水平呈正相关，高温高湿、温差大、通风不良时鸡群发病率高。尤其是在高温季节，构造简易的鸡舍发病率较高；环境控制相对较好的鸡舍发病率低或不发病。

【临床症状】

鸡群敏感性、兴奋性提高，表现扒料或挑料，采食量下降，地面平养的鸡会在地上找鸡粪、垫料吃。这个过程持续 1~2 天，由于症状不典型，不易被发现。

病鸡呆立，缩颈，精神不振，采食量急剧下降，仅达正常采食量的50%~70%。病鸡生长缓慢或停滞，导致大群整齐度差，个体差异大，平均体重仅为标准体重的50%~70%（图36）。消瘦，羽毛松乱（图37），鸡冠、腿脚皮肤苍白、干爪；大群鸡粪便细软，部分鸡腹泻，发病前期排料粪，发病后期排棕红色至黑色稀便。若不及时发现和治疗病鸡，3~5天后发病率会达到80%以上。

图36　生长缓慢，体重不达标

图37　消瘦，羽毛松乱

【剖检症状】病鸡腺胃肿大如球状，切开腺胃发现明显外翻、增厚、水肿（图38），腺胃乳头不清晰，覆盖白色或褐色分泌物。严重病例按压腺胃乳头有少量清色液体流出，不严重病例则没有分泌液流出（图39、图40）。

肌胃黄褐色，内壁变薄，呈烧伤状，严重者穿孔（图41）；嗉囊内出现大量白色豆渣样覆盖物；胸腺、脾及法氏囊萎缩，肠壁变薄，肠道有不同程度的出血性炎症（图42）。

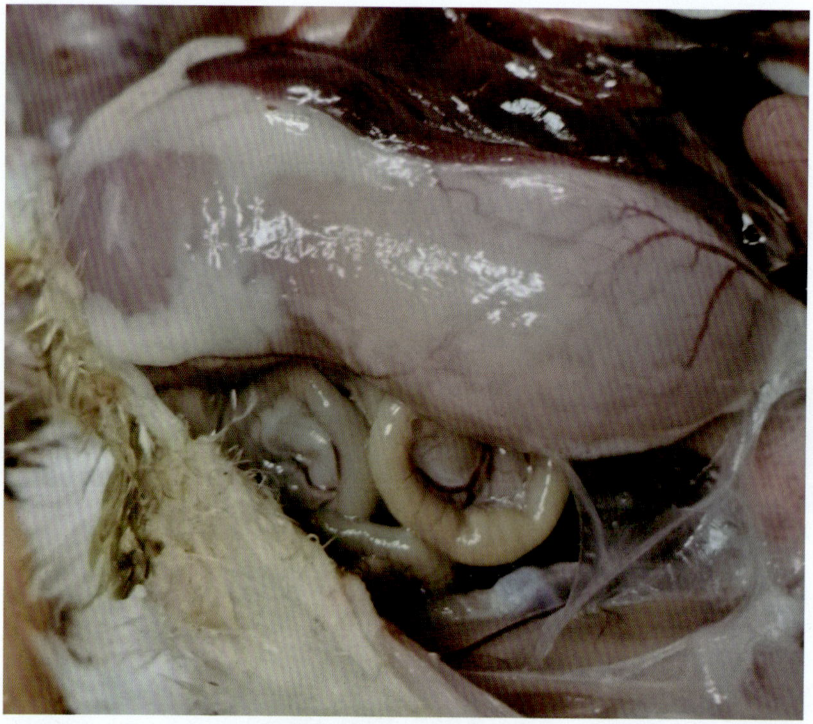

图 38　腺胃高度肿胀

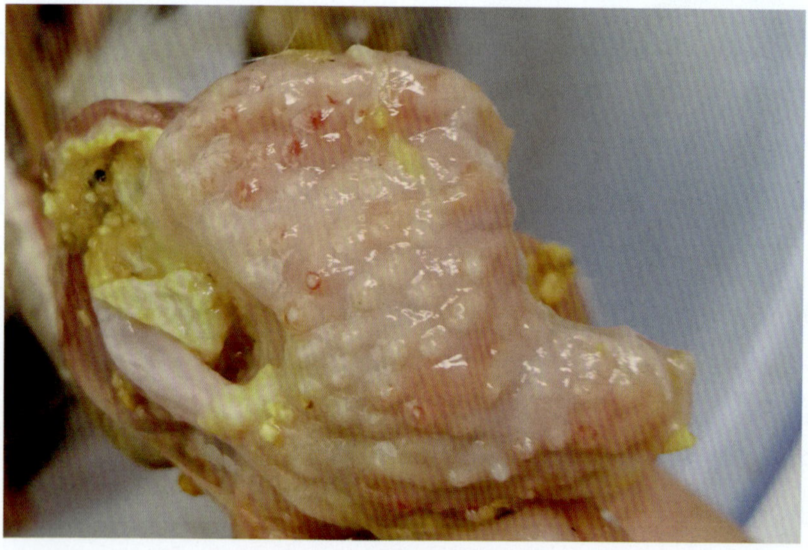

图 39　腺胃乳头不清晰

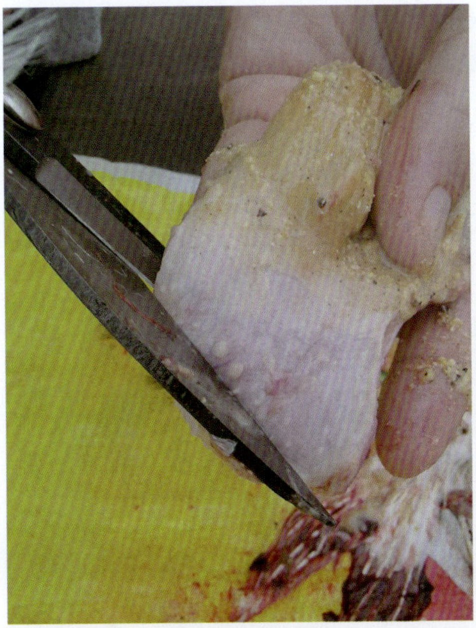

图 40　腺胃乳头白色分泌物

图 41　肌胃黄褐色

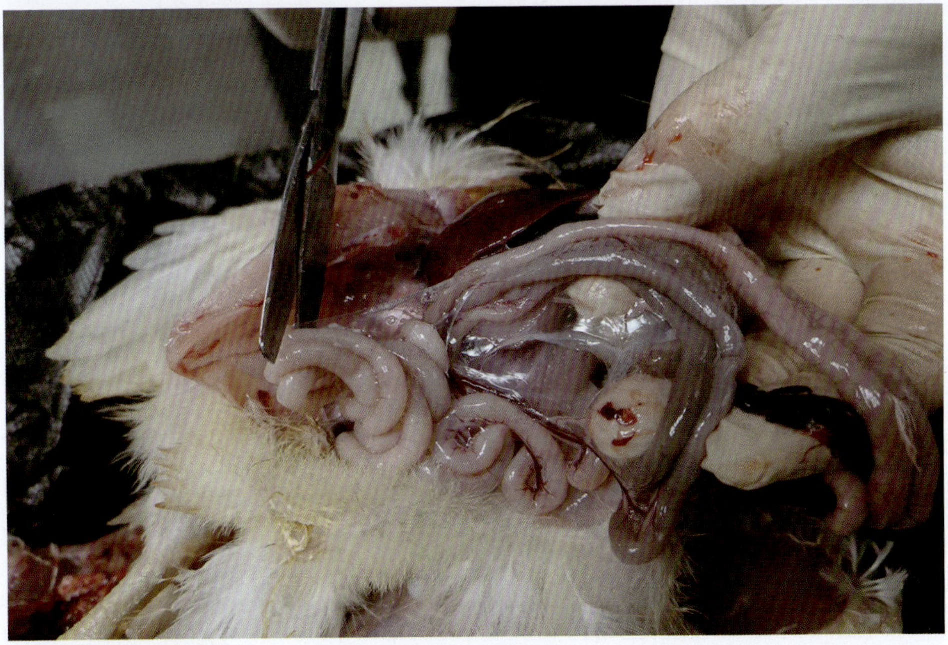

图 42　肠壁变薄

【鉴别诊断】养殖者易把热应激误诊为腺胃炎（视频29）。在鸡养殖过程中，15日龄之前不敢降温，不敢通风，导致鸡舍温度高、湿度大，二氧化碳浓度高，有一种酸臭味。热应激指数达到155时，鸡群长势缓慢，因喝水过多，羽毛被打湿后易脱落（图43），露出红色皮肤（图44）。鸡粪黄、稀时，就要考虑鸡热应激，及时调整饲养管理方式。

图43　热应激死亡的鸡羽毛容易脱落

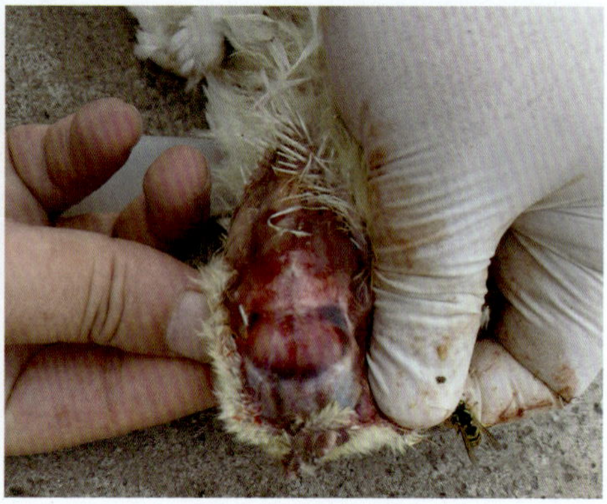

图44　皮肤发红

【防治措施】

1. 分析病因

若是饲料被霉菌毒素污染而引起发病，应在日粮中添加0.05%硫酸铜或高效脱霉剂，可减少饲料霉变程度。

2. 加强饲养管理措施

北方6—10月是腺胃炎高发季节，要做好鸡舍的通风管理（视频30、视频31）。

（1）鸡舍湿度超过上限时，通风量不能低于下限。在育雏期间鸡舍要添加炉子，通风量不要低于下限。

（2）外界气温为10~15℃，每1万只鸡的风机功率不能低于10千瓦；外界气温低于10℃时，每1万只鸡的风机功率不能低于9千瓦。

（3）鸡分群前先把鸡舍温度提高 1℃，鸡分群后 3~4 天再逐渐回归正常温度。

（4）发病前中期，由于腺胃胃酸分泌过剩，造成黏膜发炎。治疗时以抑制胃酸分泌、保护胃黏膜、消除炎症、清热解毒为主，可以使用西米替丁、碳酸氢钠、阿莫西林、B 族维生素与中药等。

（5）发病后期，由于腺胃分泌功能消失，治疗以补充消化液（有机酸、蛋白酶）为主，配合使用健胃消食中药。兼治产气荚膜梭菌引起的坏死性肠炎，定期补充有机酸和益生菌。

（二）坏死性肠炎

坏死性肠炎病原为产气荚膜梭菌，鸡坏死性肠炎的死亡率不是很高，但会破坏肠道黏膜，严重影响饲料营养的吸收。一旦肉鸡感染该病，会极大降低饲料转化率，养殖者须高度重视。

北方 6—8 月坏死性肠炎发病率升高，该病菌与大肠杆菌极其相似，都是条件性致病菌。在鸡舍正常饲养管理条件下，该病菌是一种有益菌或者是常在菌，在异常条件下或者在鸡体内异常增殖导致菌群失调，才变成有害菌，破坏鸡的生理功能，临床上表现异常症状。

【病因】

（1）季节因素：北方 7—8 月为雨季，在高温高湿条件下坏死性肠炎发生率较高。

（2）通风因素：养殖者把风冷效应估算过高，导致鸡舍内实际风速偏低。

（3）温度因素：北方 7—8 月鸡舍笼内比笼外温度高，温度表显示数值偏低。

（4）鸡舍每层笼的温差较大，上层笼通风量大、风阻小，温度相对低一些，下层笼温度本来就低，上下层笼鸡受温差影响小些。中间层笼温相对较高，鸡遭受热应激，易发病。只有中层笼鸡体重大、饲养指标好，整批鸡的饲养指标才会好。要解决中层笼的温度高问题，可使用挡风布，确保目标温度和风冷效应计算数值准确。

【流行特点】坏死性肠炎的发生与鸡舍管理有很大关系。当鸡舍温度低、鸡群遭受冷应激时，需要及时采取预防大肠杆菌病的措施；当鸡舍温度高、鸡群遭受热应激时，需要及时采取预防坏死性肠炎的措施（视频 32）。

坏死性肠炎发病急、病程短，一般不超过 24 小时，可能前一天晚上一切正常，第二天鸡舍就突然出现瘫痪鸡。死亡鸡无明显症状，尸体柔软（图 45、图 46）。

图 45　瘫痪鸡

图 46　突然死亡的鸡

【临床症状】

（1）病鸡会出现类似于中毒的神经症状。病鸡侧卧，头部震颤，不能正常站立。这是由于内毒素侵害鸡的脑部神经，麻痹鸡的三叉神经、腿神经等而造成的（视频 33）。

（2）坏死性肠炎的神经症状，不同于球虫药中毒或者其他类型中毒导致的神经症状。一般药物急性中毒，都会出现一定数量的死鸡，但坏死性肠炎中毒不会出现死鸡，或者死鸡数量较少。由病毒性疾病引起的瘫痪鸡，临床上暂无有效的治疗方法；由坏死性肠炎引起的瘫痪鸡，可以把病鸡放到阴凉处，鸡的瘫痪症状会出现一定缓解，不会立即死亡。因此，根据鸡出现腿部病变后到死亡经历时间的长短，可以鉴别是坏死性肠炎，还是药物中毒。

（3）鸡舍高温、高湿，鸡群遭受热应激，有可能诱发坏死性肠炎。如果鸡受到的热应激指数超过 155，4~6 小时鸡还能够耐受，超过 6 小时，就需要用适当药物治疗。

（4）14~28 日龄鸡多发坏死性肠炎。在高温季节鸡舍内温度能达到 30℃，白天湿度高，夜间湿度更高。鸡到了 28 日龄，大多数养殖场的目标温度在 27℃左右。夜间很多地方还达不到 27℃。一旦鸡舍风机停止，通风量不足，湿度增大，鸡始终处在高温高湿环境中，坏死性肠炎发病率就会升高。

（5）坏死性肠炎鸡有短促的尖叫，这是一个主要特征性症状。

（6）鸡暴发坏死性肠炎，主要集中在鸡舍的左二排和右二排，而且是中间层笼鸡发病较多，上层笼鸡发病相对较少。因为上层笼通风量大，风速大，湿度、温度降低较快，所以发病较少。

【剖检症状】

（1）剖检病鸡，十二指肠有绿豆大小、点状出血斑，易与禽流感所引起的血斑混淆（图 47）。

（2）病鸡排橘红色粪便（图 48），由鸡脱落肠黏膜组织和血液形成。

图 47　十二指肠出血斑

图 48　橘红色粪便

【防治措施】

（1）药物治疗：用青霉素 V 钾治疗坏死性肠炎时适当增加药物浓度，1 克兑水 4~5 千克。恩拉霉素是一种预混剂，拌料 2~5 克 / 千克。林可霉素的口服吸收率只有 30%，浪费比较多，但是治疗效果比较好。地美硝唑 1 克兑水 10 千克。根据病鸡临床症状，选择两种以上药物联合应用，增强治疗效果。

（2）鸡舍通风：北方 7—8 月是雨季，可以把风冷系数计算低一些；10 日龄以上鸡，下半夜风机停机时间尽量不超过 1 分钟，以加速鸡舍内空气流通；9—10 月可以把风冷系数计算得稍微高一些。

（三）诱发腿病的疾病及因素

近年来，肉鸡腿病发病率升高，鸡跛行、瘫痪，严重影响运动和采食，降低养殖效益。腿病发病率为 2%~5%，是制约肉鸡养殖业发展的一个重要因素。

肉鸡腿病的发生原因有很多，主要包括遗传、传染性疾病、饲料营养、饲养管理、环境条件等。

1. 滑液囊支原体病

【流行特点】滑液囊支原体病（MS）鸡场常见，肉鸡每个批次都有不同程度发病。黄羽肉鸡和肉杂鸡感染 MS 后，发病率在 2%~40%，甚至鸡群全部被淘汰；白羽肉鸡感染 MS 后，发病率为 1%~2%；肉鸡感染 MS 后 10 天会形成胸囊炎，龙骨凸起或者化脓（图 49、图 50）。一旦出现病鸡只能淘汰，无法治愈。

单纯 MS 对鸡的致病力比较弱，只有鸡群受到剧烈应激，才会暴发该病。鸡舍内温差超过 3℃，持续 3 小时以上，并且累计 3 次以上的应激，才会导致鸡群暴发该病，造成巨大经济损失。采取合理通风配合用药等措施，才能有效防治该病。

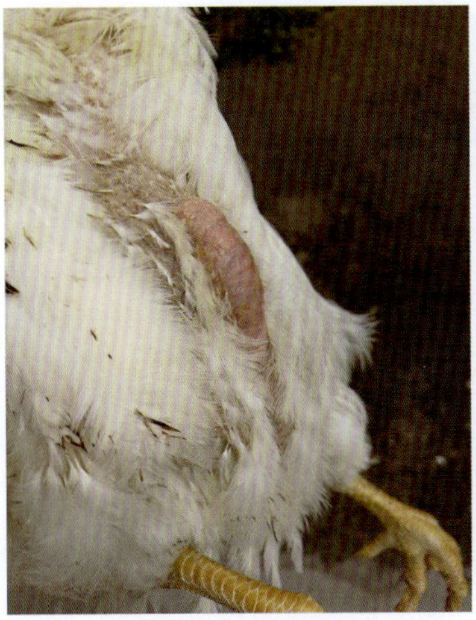

图 49　胸囊炎

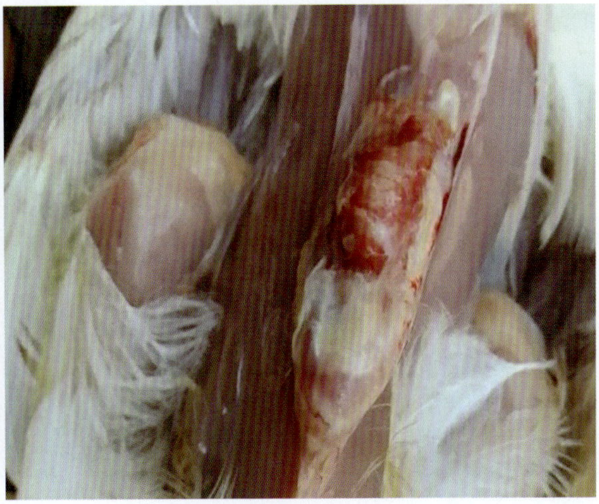

图 50　胸腔红肿

【临床症状】鸡群暴发 MS 后，典型症状为排绿色粪便，像菠菜汤一样并混有蛋清。由于鸡吃不上料，粪便中大部分是胆汁，呈绿色。病鸡嗉囊中没有料，鸡爪一只粗、一只细（图 51），跗关节肿大，关节腔内有脓性分泌物，形成腱鞘炎（图 52、图 53）。病鸡冠呈 S 形，面部清秀，一般呼吸道症状较轻。一旦混合感染鸡毒支原体（MG），就会出现轻微呼吸道症状，且治疗效果不佳（视频 34）。

图 51　鸡爪一只粗、一只细

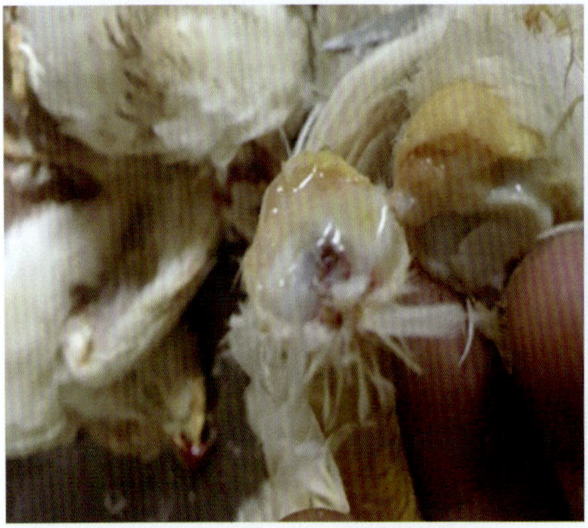
图 52 关节腔内有脓性分泌物

图 53 腱鞘炎

【防治措施】如果鸡群遭受冷应激次数较少，可以用敏感药物控制。如果鸡舍通风模式选择不当，鸡群受到持续冷应激，就很难控制病情。随着鸡群日龄增大，瘫痪鸡比例增加，失去治疗价值，只能淘汰。

2. 饮水污染

【病因】鸡舍水线或者鸡场地下水被细菌污染，鸡饮用污染水引起腿病。平时冲洗鸡棚的污水没有进行无害化处理就直接排放，导致地下水污染。经实验室检测，污染水的大肠杆菌含量超标 1 000 倍以上。

【流行特点和临床症状】鸡饮用污染水，在 30 日龄发生腿病，跗关节肿胀、发黑，按压有波动感，说明已经化脓（图 54）。这个症状很容易被基

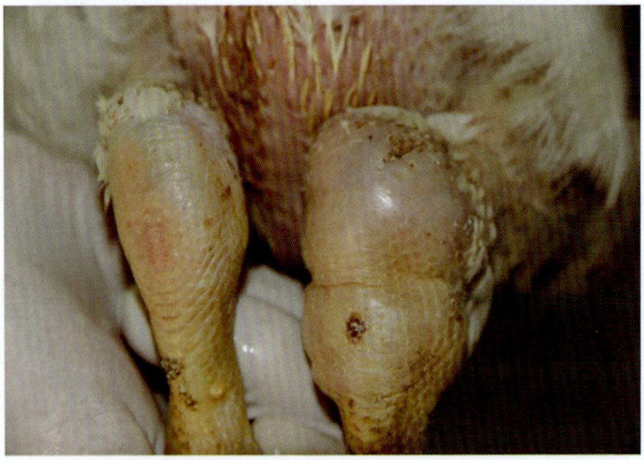
图 54 关节肿胀

层兽医误诊为葡萄球菌感染。

【应对措施】从源头上解决水被污染的问题，不定期用酸化剂净化水线，消毒饮水并定期采集水样检测水质（视频 35）。

3. 饲料钙磷比例不当

【病因】饲料钙磷比例不当，导致超过 4% 的鸡患腿病。

【临床症状】鸡呈犬坐姿势是典型临床症状（图 55）。病鸡排白色、水样粪便，精神正常，腿关节不出现病变，但是不能动。

图 55　病鸡呈犬坐姿势

【应对措施】饮水中添加碳酸氢钠，连续用药 3~5 天，鸡瘫痪症状会有缓解。对于瘫痪明显的病鸡，没有治疗价值，只能淘汰。因此，该病要及早找到原因，早干预治疗，才能有一定效果（视频 36、视频 37）。

4. 呼肠孤病毒病

【病因】呼肠孤病毒病（REO）可以引起鸡免疫抑制，病原主要由种鸡垂直传播给商品代鸡。

【流行特点和临床症状】28~35 日龄鸡多发病，该病具有一定传染性，典型临床症状是鸡的一条腿往后伸（图 56、图 57）。

图 56　关节肿胀

图 57　病鸡不能站立

【应对措施】

（1）种鸡疫苗免疫，但是效果不理想。商品代鸡不适合疫苗免疫，要对环境消毒消杀病原。如果出现典型症状病鸡，几乎不能治愈，只能淘汰。

（2）呼肠孤病毒没有囊膜，在环境中存活能力强，不容易杀灭。一旦病毒污染环境，会造成长期感染。氢氧化钠、甲醛、邻苯基苯酚、对氯间甲酚，对该病毒有相对较好的杀灭效果（视频 38）。

5. 非典型传染性法氏囊炎

【流行特点】近年来，肉鸡非典型传染性法氏囊炎发病率有所提高。25 日龄鸡多发病，病程 7 天。单纯非典型传染性法氏囊炎病毒感染肉鸡，死淘率不会太高。但是病毒不易被消杀干净，所以一批鸡感染后，后面几批鸡会重复发病。

【临床症状】病鸡排米汤样粪便（图 58）。病鸡伸头缩颈（图 59），身体发热，驱赶不动。

图 58　米汤样粪便

图 59　病鸡伸头缩颈

【剖检症状】剖检病鸡，法氏囊变小，囊壁透明、变薄；腿肌有出血点（图 60、图 61）。

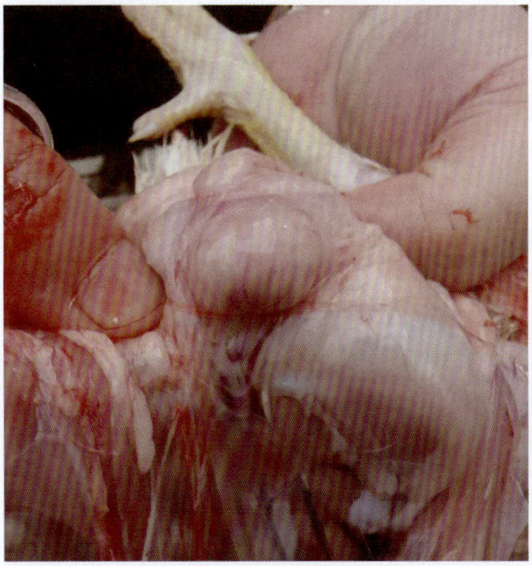
图 60　法氏囊变小

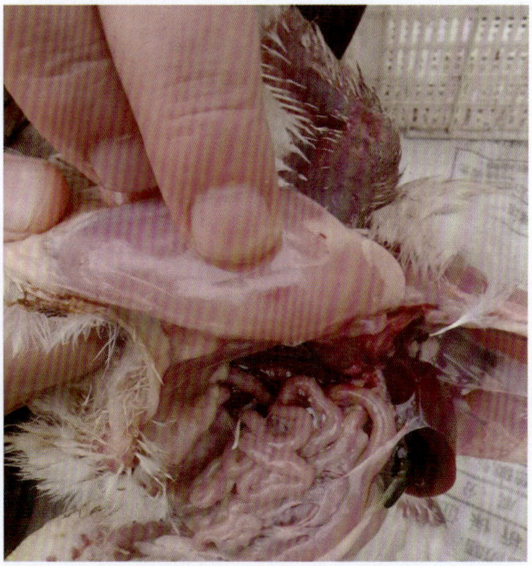
图 61　腿肌有出血点

【应对措施】目前使用的法氏囊 VP2 重组疫苗，保护效果不很理想，易引发肠炎。对症治疗，配合一些提高免疫力的中药，可以缩短康复期（视频 39）。

6. 脑脊髓炎

【流行特点】白羽肉鸡发病率低，七彩山鸡、珍珠鸡和散养的草鸡偶尔发病。

【临床症状】鸡患脑脊髓炎，典型临床症状为游泳姿势，两条腿往后伸，脖子往前伸（图 62、图 63），头颈有节律震颤。

图 62　游泳姿势

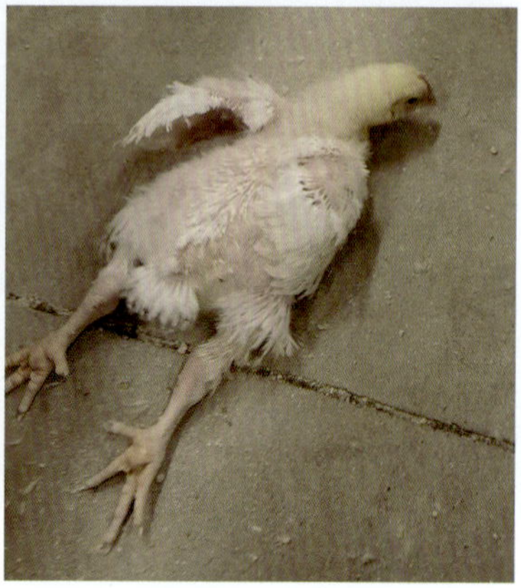

图 63　腿往后伸，脖子往前伸

【应对措施】目前没有有效治疗方法，因为普通药物很难突破血脑屏障，所以表现典型临床症状的病鸡只能淘汰。如果病鸡 7~10 天能够康复，可以保留（视频 40）。

7. 中毒

【流行特点和临床症状】鸡中毒后趴着，不愿意走动。根据流行病学、饲料和用药等综合分析，判断是不是由中毒引起瘫痪。

引起中毒的药物有磺胺药、乙酰甲喹（痢菌净）、聚醚类球虫药、替米考星、泰妙菌素、沃尼妙林等（图 64、图 65）。如果用药过量，可引起鸡轻微瘫痪，低头，不愿意活动，死亡快。中毒鸡除瘫痪外，还伴随共济失调、站立不稳。

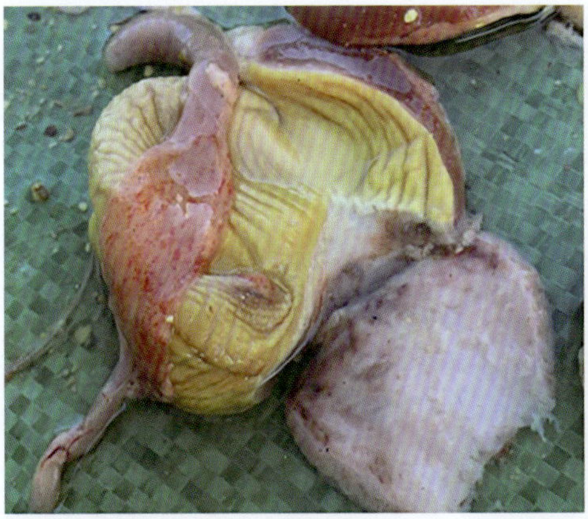

图 64　痢菌净中毒腺胃肿胀，乳头暗红出血

图 65　痢菌净中毒肌胃出血、溃疡

【应对措施】及时停喂相关药物或者饲料，同时使用常用解毒药物（视频 41）。

（四）H9N2 禽流感

H9N2 禽流感病毒（H9N2 AIV）为低致病性病毒，但是对家禽养殖业的危害不容忽视，甚至已经超过了高致病性禽流感病毒，这是由 H9N2 AIV 自身特点造成的。

【病原】H9N2 AIV 毒力较弱。在实验室单纯用 H9N2 AIV 攻毒 SPF 鸡，鸡群没有任何临床症状，但是攻毒后 1~7 天可以检测到 SPF 鸡排毒。

【流行特点和临床症状】

（1）气溶胶传播：与 H5 AIV 不同（点状传播），H9N2 AIV 是通过气溶胶传播，速度很快。特别是刮大风时候，如果鸡场有一栋鸡舍感染 H9N2 AIV，一夜之间全场鸡群都会被感染。

（2）激发混合感染：目前 H9N2 AIV 在环境中已经是常在病毒，每个鸡场都存在，正常情况下鸡群不会发病；一旦鸡群免疫力下降，就会感染 H9N2 AIV，并且激发其他疾病，如新城疫、传染性支气管炎、传染性法氏囊病、大肠杆菌病、支原体病等，造成混合感染导致死淘率升高，造成重大经济损失。

（3）疫苗不能完全保护：经过 H9N2 AIV 灭活疫苗多次免疫、抗体水平很高的蛋鸡、种鸡仍可能感染，并有一定的临床症状和死亡。肉鸡感染后死亡率增加，支气管栓塞明显，肾、肠道等脏器出现明显病变（图 66）。

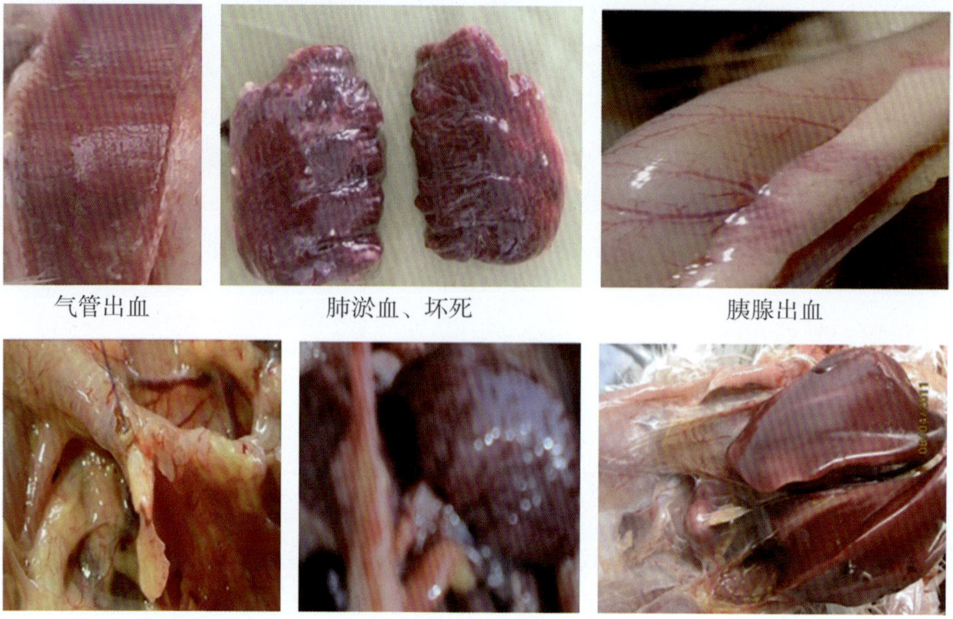

气管出血　肺淤血、坏死　胰腺出血

支气管阻塞　肾高度肿胀　气囊炎

图 66　H9N2 AIV 感染鸡的剖检症状

（4）诱发因素：商品鸡感染 H9N2 AIV 最大的诱因就是应激，包括冷应激、免疫应激、管理应激等。

【防治措施】采取免疫及正确的管理措施。

（1）疫苗免疫：选择与流行毒株匹配的疫苗，7 日龄鸡进行油苗免疫，油苗剂量要足够。

（2）免疫注意事项：大部分养殖失败的规模化鸡场，都是在疫苗免疫前后鸡群出现呼吸道症状，激发各种病毒性疾病，大大降低了饲料转化率，最终失去控制，造成大量鸡死淘。鸡场要在几次重要的免疫时间点前，采取可行性措施减缓疫苗的副反应，把应激程度降到最低。

7 日龄疫苗免疫：在饮水中添加抗应激药物或者预防呼吸道疾病的药物。

14 日龄传染性法氏囊病疫苗免疫：控制呼吸道疾病，有条件的鸡场给 1 日龄鸡注射传染性法氏囊病疫苗，避免鸡 14 日龄免疫传染性法氏囊病活疫苗时的法氏囊损伤。

21 日龄新城疫二免：正确判断鸡是否可以正常免疫，如果鸡群处于亚健康状态或者发病状态，禁止新城疫二免。

（3）整个鸡生长周期鸡舍保持一定相对湿度（40%~60%），可以降低呼吸道疾病的发病率。

（五）传染性支气管炎

【病原】传染性支气管炎（IB）病原属于冠状病毒，单链 RNA； 病毒有囊膜，对理化因素敏感；病毒基因组高度变异，呼吸型、肠型、生殖型、肾型、肾变异型、QX 型等血清型不断出现。不同血清型之间交叉保护反应低，或者没有交叉保护反应。

【流行特点和临床症状】

（1）通过呼吸道传染，引起气管炎、支气管炎、气囊炎。目前 QX 型是国内流行优势毒株。

（2）病鸡先出现呼吸道症状，随后减轻，伴随精神沉郁、羽毛松乱、下痢及饮水量增加，死亡率升高。

（3）种鸡（蛋鸡）感染，产蛋率下降，蛋壳变软，生殖系统出现病变（假母鸡）（图 67）。不同日龄的鸡感染程度不一样，感染日龄越早，对鸡群的危害越大。

（4）最大的诱发因素是冷应激，如天气突变、湿帘使用不当、夜间通风量过大、免疫应激等。

【防治措施】

（1）早期免疫越早越好，1~3 日龄鸡用传染性支气管炎活疫苗喷雾免疫，1 头份 / 羽。

（2）联合使用不同血清型疫苗，如呼吸型（H120）+ 肾型（491 或 QX）。

（3）避免鸡遭受冷应激。

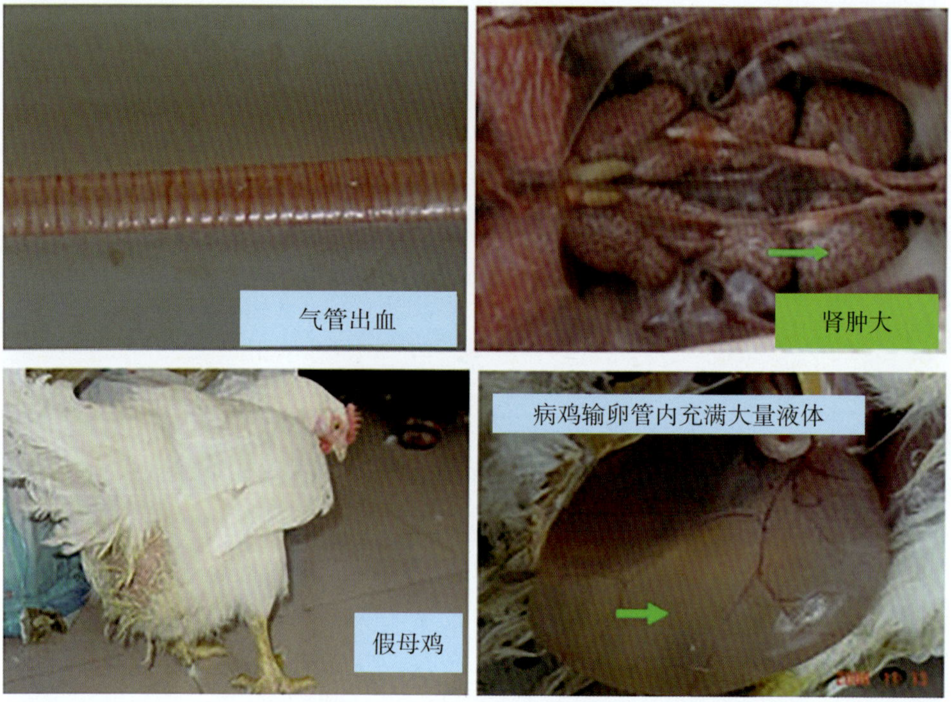

图 67　IB 感染病鸡的剖检症状

本病目前尚无有效的治疗方案。合理使用部分中药，给脱水鸡补液，可治疗继发症状。

由于 H9N2 禽流感和 IB 的临床症状容易混淆，注意鉴别诊断，采取正确防治措施（视频 42~ 视频 44）。

（六）气囊炎

气囊炎并不是单一疾病，而是由多种病原体引起的综合征。

鸡体内有 9 个气囊，由支气管分支出肺后形成，大部分与骨内腔相通。上呼吸道、肺、骨骼的相互连通结构，形成了一个半开放的机体系统。空气中的病原易通过呼吸道进入气囊，再进入骨骼，形成全身感染，这也是鸡群气囊炎发病率和死亡率偏高的原因（图 68）。

鸡没有膈肌，胸腔、腹腔通过气囊间接隔开，所以当鸡患消化道疾病时可能波及气囊，引起气囊炎。当外界异物（包括病原、气体、颗粒）进入呼吸道后，直接刺激呼吸道引起炎症，或病原感染呼吸道而引起炎症。

图 68　气囊炎

【病因】

（1）病原：经调查，禽流感病毒、传染性支气管炎病毒、支原体、大肠杆菌等混合感染，常可诱发肉鸡气囊炎。

（2）免疫抑制病：免疫抑制病也是气囊炎的一个诱因。如鸡患网状内皮组织增生病（RE）、鸡马立克病（MD）、鸡传染性法氏囊炎（IBD）等，使得黏膜保护作用降低，病原易侵入鸡呼吸系统，导致气囊炎。

（3）鸡舍环境条件不合理：鸡饲养密度过大，晚秋、早春天气骤变等，都会诱发鸡呼吸道病，再加上环境中常在病原感染，一旦病情延误，很快继发气囊炎。在鸡舍氨气浓度为 25×10^{-6} 时，以传染性支气管炎病毒（IBV）攻毒后，肉鸡体重减轻，饲料转化率下降，可引起明显的气囊炎。

（4）疫苗接种反应：疫苗接种也能诱发气囊炎。因接种活疫苗在禽体内复制，常造成一定程度的细胞损伤。肉鸡接种了鸡传染性支气管炎疫苗和鸡新城疫疫苗等后 3~5 天，临床上会出现疫苗副反应；如果在接种疫苗前肉鸡感染了鸡毒支原体或滑液囊支原体，并且鸡舍环境中存在大量大肠杆菌，则鸡接种后病毒在肺和气囊中过度复制，引发严重的病毒、支原体和大肠杆菌混合感染，导致气囊炎。

（5）肺炎继发感染：鸡肺炎加重会继发气囊炎。能引起肺炎的疾病都能导致气囊炎，主要有支原体感染、衣原体感染、大肠杆菌病、禽流感、传染性支气管炎、新城疫、产气荚膜梭菌感染、曲霉菌病等。

【流行特点】肉鸡气囊炎主要发生于10月至翌年5月。肉鸡饲养密度过大引起集中发病，有病情严重、病程长、致死率高、难以治疗等特点。一般肉鸡从15日龄到出栏都有可能暴发气囊炎。该病严重影响肉鸡的生产性能，造成药费高、成活率低、料肉比低，经济损失巨大。

【临床症状】

（1）发病初期：鸡群有轻微的呼吸道症状（吭哧、甩鼻），眼睑拉长，眼角冒泡沫（图69）；鸡群采食量基本不受影响（图70）；粪便偏干，基本无死亡。

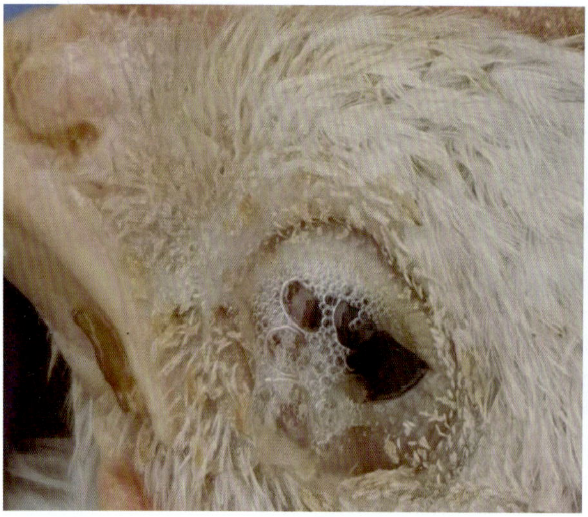

图69　眼睛周围冒泡沫

图70　鸡采食正常

（2）发病中期：鸡群闭眼、低头呆立（图71），甚至出现呼吸困难、张口伸颈、咳嗽甩鼻；大群鸡不增料，排黄绿色稀粪，死亡率达到0.5%~1%。

（3）病程较长的鸡：冠、肉髯呈红紫色，怪叫（视频45），发出“呼噜”声；精神沉郁，体温升高，无食欲，聚堆或呆立一侧，排白色便或黄绿色稀便；生长发育不良，采食量严重下降。重者趴在地上，张口喘气。

（4）死亡鸡：因气囊炎继发支气管堵塞死亡的鸡，肚皮朝上翻倒在地（图72）。

图 71　低头呆立

图 72　肚皮朝上翻倒在地

【剖检症状】

（1）病鸡喉头和气管充血、出血，有黏液。

（2）病鸡胸气囊混浊、增厚，有黄色或黄白色炎性渗出液，病程较长者附着块状干酪样物（图 73）。

（3）病鸡腹气囊混浊、增厚，腹腔常有大量小气泡，病程较长者附着块状干酪样物。

（4）重者并发气囊炎、肺炎、心包炎、肝周炎、腹膜炎等，十二指肠弥漫性出血（图 74），盲肠扁桃体肿大、出血，胸腺、法氏囊出血萎缩，肺气管、支气管内有栓塞物。

【防治措施】

（1）弄清气囊炎的病因，再用药，不要病鸡刚表现症状就用药，治标不治本。

（2）正确防控 H9N2 禽流感，筛选与当地流行株抗原匹配的疫苗，给肉鸡注射疫苗剂量要充足。

（3）抓住肉鸡关键管理阶段：如传染性法氏囊病疫苗免疫前后、新城疫二免前后，因为 H9N2 禽流感都是在这两次免疫前后发生。增强鸡的免疫力，加强饲养管理措施，减少或者避免各种应激因素。

（4）鸡舍相对湿度保持在 40%~60%。

（5）尽量避免鸡遭受冷应激，防止感冒。

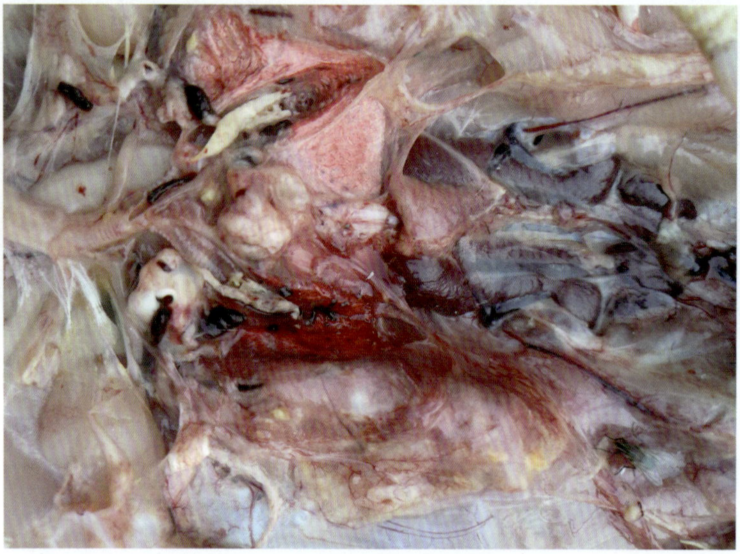

图 73　气管出血，气囊混浊

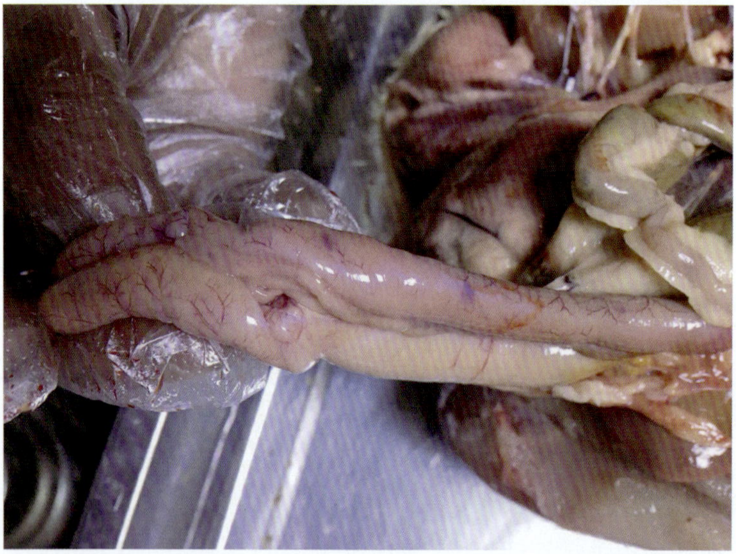

图 74　肠道出血点

（七）支气管栓塞

肉鸡支气管栓塞（俗称肉鸡堵气管），不是某个病原的特征性病变，而是由多种因素共同作用形成的综合征（图 75、图 76）。肉鸡支气管栓塞病因，主要有 H9N2 禽流感病毒、鸡传染性支气管炎病毒（IBV）和大肠杆菌等多重感染，加上鸡舍通风管理不当而发病。因此，纠正错误的通风模式，是降低肉鸡支气管栓塞发病率的一个重要途径。

一个规模化鸡场控制肉鸡支气管栓塞的能力，在一定程度上反映了对鸡舍通风原理的理解和饲养管理水平。

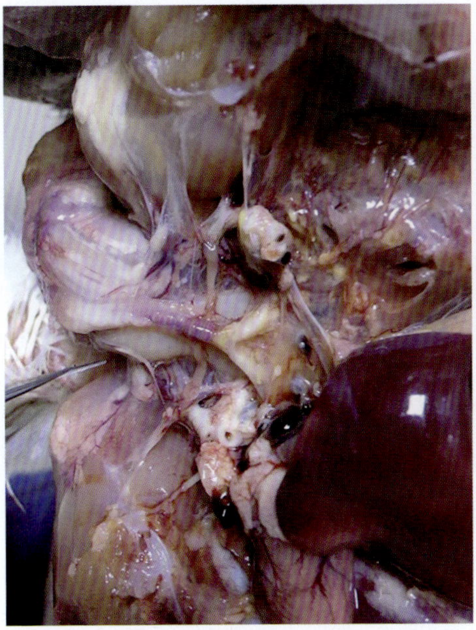

图 75　支气管栓塞剖检

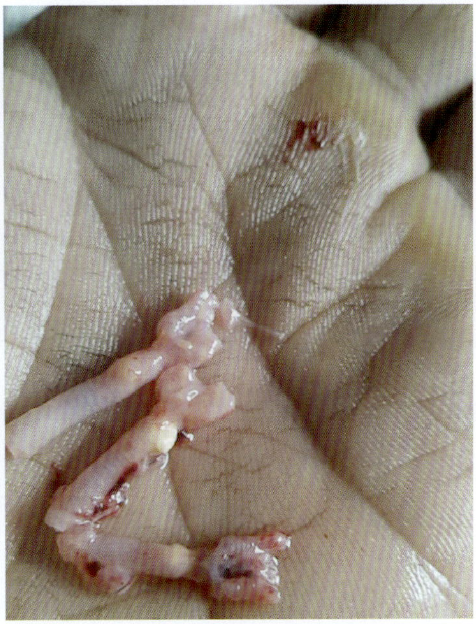

图 76　支气管栓塞形成

附：正确进行新城疫二免

对大量肉鸡养殖失败案例统计分析发现，由新城疫二免造成的占 30% 以上，所以新城疫二免对于肉鸡能否养殖成功非常重要。

新城疫二免是在肉鸡 21 日龄时用新城疫活疫苗 2 倍量饮水。21 日龄肉鸡正处于很多疫苗免疫的空白时期，各种免疫过的疫苗抗体滴度都很低；鸡群处于亚健康状态或者某种病毒病的潜伏期，如果此时进行新城疫二免，就形成一种疫苗应激，易引起肉鸡呼吸道疾病，进一步降低鸡的免疫力，导致鸡群发病。在鸡群健康状态下，进行新城疫二免是安全的。所以，判断鸡群是否处于健康状态，就成了能否进行新城疫二免的关键（视频 46）。

1. 符合新城疫二免的条件

（1）连续两批鸡出现新城疫症状。

（2）邻近鸡场同期内有强毒新城疫的病例。

（3）每年 5—11 月是高发病期，野毒感染机会多。

（4）20 日龄内鸡出现典型的腺胃乳头出血；病鸡排绿粪，每平方米出现 1~2 个干绿或者稀绿粪便。

2. 不符合新城疫二免的条件

（1）肉鸡呼吸道病发病率（咳喘、啰音）超过 5%~7%，病程超过 4 天。

（2）肉鸡连续 3 天不涨料，或者采食量低于正常标准 15%。

（3）肉鸡每天死淘率超过 2%，连续 3 天死淘率为 1%。

（4）肉鸡眼睑拉长（变椭圆），眼角流泡沫的比例超过 5% 以上。

（5）8 日龄内鸡苗死淘率超过 1.5%。

3. 补救措施

如果鸡群处于亚健康状态或者有呼吸道疾病，无法正常进行新城疫二免，可以采取补救措施。

（1）在饮水中添加新城疫抗体溶液，降低鸡群携带的新城疫病原的浓度。

（2）在 21 日龄鸡饮水中添加中药产品，提高肉鸡非特异性免疫力。

（3）加强饲养管理措施，减少或者避免鸡群受到应激，特别是冷应激。

视频目录

视频 37　饲料钙磷比例不当导致鸡呈犬坐

视频 38　鸡病毒性关节炎

视频 39　鸡非典型传染性法氏囊炎

视频 40　鸡脑脊髓炎

视频 41　鸡中毒引起腿病

视频 42　H9N2 禽流感和 IB 的鉴别（上）

视频 43　H9N2 禽流感和 IB 的鉴别（中）

视频 44　H9N2 禽流感和 IB 的鉴别（下）

视频 45　鸡气囊炎引起怪叫

视频 46　判断鸡是否符合新城疫二免条件

《肉鸡疾病防控要点解析》视频二维码